好心情
好心态
好人生

何菲鹏 / 编著

中国华侨出版社
·北京·

图书在版编目(CIP)数据

好心情·好心态·好人生 / 何菲鹏编著.—北京：中国华侨出版社,2010. 11(2025. 5重印)
ISBN 978-7-5113-0858-0

Ⅰ.①好… Ⅱ.①何… Ⅲ.①人生哲学-通俗读物
Ⅳ.①B821-49

中国版本图书馆 CIP 数据核字(2010)第 215794 号

好心情·好心态·好人生

编　　著：	何菲鹏
责任编辑：	唐崇杰
责任校对：	李瑞琴
经　　销：	新华书店
开　　本：	670 毫米×960 毫米　1/16 开　印张：16　字数：315 千字
印　　刷：	河北省三河市天润建兴印务有限公司
版　　次：	2010 年 11 月第 1 版
印　　次：	2025 年 5 月第 2 次印刷
书　　号：	ISBN 978-7-5113-0858-0
定　　价：	56.00元

中国华侨出版社　北京市朝阳区西坝河东里 77 号楼底商 5 号　邮编：100028
发 行 部：(010)64443051　　　传　真：(010)64439708

如果发现印装质量问题影响阅读，请与印刷厂联系调换。

前言

人生就像一趟旅行，沿途中有数不尽的坎坷泥泞，但也有看不完的春花秋月。如果我们的一颗心总是被灰暗的风尘所覆盖，干涸了心泉、黯淡了目光、失去了生机、丧失了斗志，我们的人生轨迹岂能美好？

曾经有两个囚犯从狱中眺望窗外，一个看到的是漫漫黑夜，一个看到的是万点星光。面对同样的际遇，前者持一种灰色心态，看到的就是满目苍凉、了无生气；而后者持一种明快心态，看到的自然是星光万点、一片光明。

法国著名作家大仲马曾说过这样一段话："人生是一串用无数小烦恼组成的念珠，乐观的人是笑着数完这串念珠的。"这句话可以从两个囚犯的不同表现得到证实。

人是一种很情绪化的动物。没有好心情的时候，灵感和创造力都会"退避三舍"，如影随形的只是焦躁不安和缺乏自信，而这种不健康的生活状态，又往往是许多危险和更大挫折的前奏。

曾几何时，内心的纯净是每个人的梦想。然而，越来越多的压力，使我们身心疲惫。看着别人的成功，看着自己的不幸，我们的心里总笼罩着沉重的阴影，或抑郁孤独，或嫉妒猜疑，或喜怒无常，或无端恐惧，或顾虑重重，或郁郁寡欢。

久而久之，疲惫的我们突然发现：自己居然不会快乐了！曾经的纯真与幸福还历历在目，可是为什么，今天它们要离我而去？

面对这样的自己，你要做的事情就是：调节好自己心情，修炼好自己心态，只有这样才能拥有一个好人生。

也许昨天的你，心烦意乱时，会显得有些坐立不安；孤独无助时，不由陷入迷茫彷徨。这种心情，这种处境，宛如电影画面一般清晰。可是，我们不要再为此怨天尤人。命运是掌握在我们自己的手中的，只要你能找到恰当的方法，那么你就会感到：那份丢失已久的纯净心灵，又一次灌入自己的体内！

本书从生活中的各个角度入手，配合一个个生动活泼的案例，详细介绍了调节好心情、修炼好心态、营造好人生的方法，让你为自己疗伤，给自己解愁，让你拥有积极健康的心态，让你的人生绚丽多彩！

文字的魅力是无穷的。如果你能在字里行间中反省自己，在墨香之中放松情绪，一颗平常心就会生根发芽。伴随着这棵小树苗的成长，仁爱、平静、乐观、豁达，这些果实终将落入你的怀抱。

目录

第一篇 / 如何调节好心情

人是一种很情绪化的动物。没有好心情的时候,灵感和创造力都会"退避三舍",如影随形的只是焦躁不安和缺乏自信,而这种不健康的生活状态,又往往是许多危险和更大挫折的前奏。为此,你必须果断离开使你不快的人和事,不要让它们控制你,束缚你,扼杀你。让自己保持良好的心情。

第一章
自我反思调节心情的八个方法

方法一:学会控制自己的情绪 / 002

方法二:在压力中寻找快乐 / 004

方法三:学会独立,抛弃依赖心理 / 006

方法四:保持一份平和的心态 / 008

方法五:做个"门外汉" / 009

方法六:克制愤怒,不做生气的人 / 011

方法七　学会自我安慰，让自己成为"阿Q" / 013
方法八　莫被一些无关紧要的小事所累 / 015

第二章
变通中调节好心情的五个方法

方法一　换个角度处理与他人的矛盾 / 018
方法二　换个想法去追求快乐 / 020
方法三　与孩子交往中，要学会换位思考 / 022
方法四　站在老板的角度看问题 / 024
方法五　与人相处，多考虑一下别人的感受 / 026

第三章
远离争吵调节好心情的六个方法

方法一：避免无谓的争论 / 028
方法二：口头上不必占尽上风 / 030
方法三：对手面前，不妨装装糊涂 / 032
方法四：主动承认自己的不足 / 033
方法五：即使高人一等，也不可盛气凌人 / 035
方法六：自己占理的时候也要沉住气 / 037

— 目录 —

第四章
忘记过去调节好心情的五个方法

方法一　收起过去的痛苦这把利刃 / 040

方法二　不要过度怀旧 / 042

方法三　不要为过去的失误而驻足 / 043

方法四　走出过去,回到现实中来 / 044

方法五　学会感受新的生活 / 046

第五章
安慰自己调节好心情的四个方法

方法一　对生活中的小失误,学会原谅自己 / 048

方法二:对待自己仁慈一点 / 050

方法三:向自己说声"对不起" / 052

方法四:面对波折,仍要充满希望 / 054

第六章
宁静中调节好心情的六个方法

方法一:疲劳时给自己松松绑 / 056

方法二:在痛苦中寻找快乐 / 058

方法三：在属于自己的世界里取悦自己 / 060

方法四：在安静的环境中摆脱压力 / 062

方法五：适当地放松自己 / 064

方法六：果断"枪毙"幻想中的痛苦 / 066

第七章
顺其自然调节好心情的九个方法

方法一：用实现小梦想来取悦自己 / 068

方法二：不要给自己施加太大的压力 / 070

方法三：以超然的心情看待人生 / 071

方法四：放宽心态，寻找通往彼岸的另一条路 / 073

方法五：一时之胜不足喜，一时之败不足悲 / 075

方法六：像蘑菇一样生存 / 077

方法七：与他人相处，切忌死要面子 / 079

方法八：远离浮躁，让人性回到本真状态 / 080

方法九：学会调整心理，做一名超然物外的智者 / 082

— 目录 —

第二篇 / 怎样修炼好心态

成功学大师拿破仑·希尔曾说过："积极的心态是使心灵健康的营养，能吸引财富、成功、快乐和健康；消极的心态却是心灵的疾病和垃圾，不仅排斥财富、成功、快乐和健康，甚至会夺走生活中的一切。"我们所产生的行为、我们对别人的态度、我们所做的决定，都是自己的心态在作主，一个人如果心态好，积极、乐观地面对人生，平和地接受挑战和应对麻烦，那他就成功了一半。

第八章
修炼积极心态的六个方法

方法一：挖掘自身的巨大潜能 / 086

方法二：战胜自己，创造命运 / 089

方法三：勇敢向前，以攻为守 / 091

方法四：永不停息地追求人生目标 / 094

方法五：独立自主，不依赖他人 / 097

方法六：主动寻找并创造机会 / 099

第九章
修炼明智心态的六个方法

方法一：深刻地认识自己，客观地评价自己 / 103

方法二：承认自己的不足 / 105

方法三：为适应环境而改变自己 / 108

方法四：允许自己犯错误 / 111

方法五：掌握好"埋头"和"抬头"的时机 / 113

方法六：不断给自己充电 / 115

第十章
修炼自信心态的四个方法

方法一：尽情地赞美自己的优点 / 118

方法二：敢于尝试别人不敢尝试的事 / 121

方法三：在劣势中寻找优势 / 123

方法四：无论何时都不放弃努力 / 126

第十一章
修炼坚韧心态的五个方法

方法一：在忍耐中积极地蓄积力量和资本 / 129

方法二：困难面前敢于迎头而上 / 132

方法三：紧盯目标，跌倒爬起 / 135

方法四：把痛苦当作生命中的一笔财富 / 138

方法五：正视失败，逆境中学会坚持 / 141

第十二章
修炼宽容心态的四个方法

方法一：抛开心中的冷漠，微笑面对他人 / 145

方法二：以平和的心态对待他人的错误 / 148

方法三：把对手变成自己的朋友 / 151

方法四：得饶人处且饶人 / 153

第十三章
修炼放弃心态的四个方法

方法一：该放弃的就要放弃 / 156

方法二：心存简单，摆脱不必要的烦恼 / 158

方法三：珍惜现在所拥有的 / 160

方法四：知足常乐，对生活不必苛求完美 / 162

第十四章
修炼淡定心态的五个方法

方法一：把得失看得淡一些 / 165

方法二：脚踏实地、一步步向目标迈进 / 167

方法三：身外物，不奢恋 / 169

方法四：以一种积极的态度去与别人比较 / 172

方法五：以退为进，走一条曲线成功的路 / 174

第三篇 / 如何营造好人生

一个人来到世上就像一张白纸，每一个人自生下来的那一刻起，就赋予了这张白纸以某种意义。他以后的所作所为，都将在此白纸上一一得到反映，这里面记录了他生活中的点点滴滴；有快乐，也有悲伤，有幸福，也有忧愁，酸、甜、苦、辣、咸人生五味瓶将在这里得到最好的展示。

第十五章
"爱心"营造好人生的六个方法

方法一：对生活多一些感恩 / 178

方法二：让感恩走进心灵 / 179

方法三：在感恩中享受快乐 / 180

方法四：拥有"同理心"，站在对方的立场考虑问题 / 182

方法五：包容别人的过错 / 184

方法六：用心去听别人的话 / 185

第十六章
"苦难"中营造好人生的四个方法

方法一：用辛勤与汗水改变人生 / 187

方法二：在酸苦中体现人生价值 / 189

方法三：做好过程中的每一点、每一滴 / 192

方法四：不停地努力，再艰苦也要坚持 / 193

第十七章
提高自身涵养营造好人生的五个方法

方法一：与人交往，以"和"为贵 / 196

方法二：做自己情绪的主人 / 198

方法三：心高但不可气傲 / 200

方法四：摆正自己的位置，把姿态放低些 / 202

方法五：永远保持学习的姿态 / 203

第十八章
以君子风度营造好人生的七个方法

方法一：让自己的生命为他人开一朵花 / 205

方法二：要学会给人让道 / 207

方法三：成人之美，实现自我价值 / 208

方法四：淡泊名利，共享荣誉 / 210

方法五：关键时刻把热情之手伸给别人 / 213

方法六：把完美留在梦境 / 215

方法七：欣赏自己的不完美 / 216

第十九章
在忍耐中营造好人生的六个方法

方法一：目标和现实相距太远时，忍耐是最佳选择 / 219

方法二：劣境中坚信总有峰回路转时 / 221

方法三：忍常人所不能忍，为常人所不能为 / 224

方法四：在忍耐中蓄积力量 / 225

方法五：耐住寂寞，以静制动 / 229

方法六：敞开心扉，拥抱孤独 / 230

第二十章
细节中营造好人生的四个方法

方法一：注重细节，把小事当大事去做 / 233

方法二：积极去做别人不愿做的事情 / 235

方法三：小事情累积成大事业 / 238

方法四：凡事必须亲身实践 / 240

第一篇 / 如何调节好心情

　　人是一种很情绪化的动物。没有好心情的时候,灵感和创造力都会"退避三舍",如影随形的只是焦躁不安和缺乏自信,而这种不健康的生活状态,又往往是许多危险和更大挫折的前奏。为此,你必须果断离开使你不快的人和事,不要让它们控制你,束缚你,扼杀你。让自己保持良好的心情。

第一章
自我反思调节心情的八个方法

方法一／学会控制自己的情绪

人的一生中,总会遇到一些小波折,它们让你纠结,让你迷茫,让你对眼前的一切,通通感到了失望。但是,生气归生气,我们不能任由这种情绪随意发展,而是应当学会控制和调整,做生活的主人,做情绪的主人。

然而,虽然人们都懂得这个道理,但遇到具体事情时,却又无法控制。还有一些人虽一言不发,但心情忧郁,精神恍惚,他们同样也在封闭的世界中制造"混乱"。对于此,我们必须要学会反省,尽量让这种不健康的心态远离自己。

张启发是个业务员,每天工作都很忙。最令他不高兴的是,无论自己怎么努力,他的工作业绩也没有明显提高,反而还因为各种小事总受到领导的批评。

这天,张启发和一个客户谈判。这期间,客户表现出了有些敷衍的态度,这让他有些不高兴。这位客户甚至在最后还说:"算了,咱们别谈了。说实话,我并不信任你们公司,我觉得你们的产品不能符合我的要求。"

一下子,张启发的愤怒被点燃了,他拍案而起,大声吼道:"不谈就不谈,你以为你是什么东西?你想买,我还不卖了呢!"说完,他头也不回地走了出去。

来到大街上,张启发依旧想着刚才的事情,心里还没有平静。这时,一个骑自行车的少年从他身边经过,车把不小心挂住了张启发的袖子。

张启发没站稳,险些摔倒在地上。当他站稳后,看到那个少年并没有

第一篇　如何调节好心情

下车向自己道歉的意思,反而想要溜走,不由勃然大怒向前追了过去。

张启发的行为自然引起了路人的关注。几个上了年纪的人拉住了他说道:"小伙子算了吧,你也没有受伤,就别追了。路上这么多车,万一再碰你一下怎么办啊?"

然而,大家的劝说都没能让张启发平静下来,他反而更加愤怒地喊:"有你们什么事!都给我闪开,要不然我连你们一起打!"

听到张启发这么说,大家也都不再阻拦他。有人说:"为你好,你还不领情,这人真是的!"

张启发"哼"了一声,不理会众人的批评,准备继续追赶那个骑车少年。然而,当他刚冲上马路时,迎面开来了一辆疾驰的卡车。顿时,张启发倒在了血泊之中。后来经过抢救,张启发才保住了命,不过却成了重度残疾。

张启发的事故,就在于他不知道控制情绪,反而更加动怒,这才酿成了苦果。这是多么血淋淋的例子啊!

无论对于什么事情,我们都必须控制情绪,反省心里的那份急躁。首先,我们应当输入自我控制的意识。其实,想控制情绪并不是什么难于登天的事情,只要掌握一些正确的方法,就可以很好地驾驭自己。

在众多调整情绪的方法中,你可以先学一下"情绪转移法",即暂时避开不良刺激,把注意力、精力和兴趣投入到另一项活动中去,以减轻不良情绪对自己的冲击。

想要转移情绪,方法有很多。例如,你可以参加各种文体活动、与亲朋好友倾谈、阅读研究、琴棋书画等。只要是自己喜欢的事情,你就可以尝试。总之,将情绪转移到这些事情上来,尽量避免不良情绪的强烈撞击,减少心理创伤,会很有利于情绪的及时稳定。

方法二 / 在压力中寻找快乐

每个人的生活中都有压力,这些压力来自于各个方面:工作上的、学业上的、感情上的……然而,为什么有的人能够在压力之下活得轻松自在,有的人却每天都是愁眉苦脸呢?难道,那些轻松的人有什么异于常人的智慧?

其实,这样的人如你我一样,都是普普通通的老百姓。如果你问这些轻松的人有什么秘诀,那么,他一定会这么回答你:"很简单,你把压力变成动力不就好了吗?"可是,你依旧摸不到头脑,压力怎么可能变成动力?它们不是一对"仇人"吗?

其实,这个问题看似复杂,实际上却很简单,那就是"放松心态"。如果你能反省自己过去的那种做法,学会放松心态,那么你就会发现,原来压力并没有想象的那么恐怖,反而,它还会成为一种激励,让你鼓起勇气奋力前行。

罗俊是电信公司的普通销售员,没有什么特别之处,甚至他还非常腼腆,很少与人沟通,但他居然在三天之内发展了28位客户。

罗俊的这个成绩,自然引起了不少人的关注。甚至,还有记者亲自前来采访。当记者询问他怎么能在三天之内完成28个揽收任务时,罗俊腼腆地说:"因为之前我受了一点刺激,可我相信我不比别人差,别人能干的我也能。"

事情是这样的:年初时,公司为了加入竞争制度,就特别设立了"龙虎榜",不仅表扬前三名,就连业绩最差的后三名也会张榜公布。结果,罗俊榜上有名,有同事对他说:"你也榜上有名,不过是倒数榜哦。"

这个消息，自然令罗俊失望极了，他整整一天都在郁闷中度过，甚至连同事都不敢见。晚上，他决定不再想这件事，而是适当地放松了一番，顿时一天的压力轻松了许多。

一点点冷静后，罗俊平静地对自己说："我不比别人笨，别人能做到的我也能。只是平时我很少与人交流，朋友也少，脸皮也薄，总觉得不好意思去对别人说这事。"

第二天，罗俊比过去变化了许多，他不再每天愁眉苦脸，而是尽量放松情绪，给自己的亲戚、朋友们打电话，希望能得到他们的帮助，并上门为他们讲解天翼品牌、天翼产品以及公司的优质服务。

终于，经过罗俊的不断努力，他的姐姐、姐夫、妹妹以及同学们一起上阵，成为他发展业务的下线。后来，他的业务越来越广，成了公司中数一数二的销售能人。

面对压力，生活中的不少人都会表现出极端痛苦，可越发抱怨就愈加悲观沮丧，不及时积极总结开拓，反而无知地消沉。在他们的眼里，压力是阻力，是一种负担和包袱。因此，得不到快乐也就理所当然了。

现在你明白，自己为什么总是不快乐，总是忧伤了？总结一下自己的过去看看，是不是总是太担心压力，才让自己的心态总是不稳定？学着放松心态，这样，压力的梦魇才不会总是纠缠于你。正如一位化学家所说："我为什么成功？因为我懂得调整心态，懂得把压力变成动力。假如压力是pH，在通常情况下显中性，那么我将不会让我的pH小于7，让压力不再可怕，不再让压力占据我们的心灵！"

看待压力的角度不同，你就会得到不同的人生，收获不同的心理。还等什么？赶紧反省自己的过去吧，别让压力把你的身心彻底压垮！

方法三 / 学会独立，抛弃依赖心理

对于独生子女的一代人，身上有一个非常明显的毛病：依赖。有人说，独生子女的一代，三个字可以总结出他们的性格：等、靠、要。还有人说，独生子女的一代，是软弱的一代，经不起风吹雨打的一代，是遇事就躲、只懂享受的一代。

想想看，身为独生子女的你，是不是也有这种心理？从小父母的娇惯、爷爷奶奶的呵护，自己仿佛丢了双手与大脑，什么事情都要等着别人为自己做。甚至走入社会，我们依旧不能脱离长辈的搀扶，好似得了"软骨病"，连买菜、租房子、买火车票这样的小事，也要有"大人们"的陪伴。

越来越多的"80后""90后"逐渐涌入社会，而这种依赖心理，只能让他们遭遇更多不必要的挫折，让心态难以端正，最终自暴自弃，不愿面对现实生活。所以，我们必须反省自己的依赖行为，让自己尽快成熟起来，不要永远都当"长不大的小宝宝"。

赵二是家里的独子，因此父母都非常宠爱他，可谓捧在手里怕摔了，含在嘴里怕化了。等他到了上学的年纪，还是不敢一个人走，还是依赖着父母。不得已，父亲只好每天带着他到学校。

没过几年，赵二从中学毕业了。他没考上高中，只好待在家里。像他那个年纪的人，如果不上学就需要下地干活，可是赵二却每天都躺在家里，他觉得只要父母在，自己总是饿不死。就这样，一家人的辛苦，全落在了父母的肩上。因为过于操劳，父亲一年后逝世了，可他仍不愿动弹，还是靠着老母亲生活。

又过了几年，老母亲也撒手人寰，这下子赵二再没得依靠。不过，他仍

不担心,他想:"我是这个村里的人,其他人总不能不管我吧!"于是,他每天就靠村里的接济活命。刚开始,大家还看他可怜,给他拿些吃的,可是一连几个月都是如此,大家也吃不消了,于是不再管他。

即使如此,赵二还不想着勤快起来,依旧盼着别人能帮自己。他来到邻村的表哥家,表哥看他窝囊的样子,就为他找了一份建筑的工作,每天管三顿饭,还有20元工资。不过没干一个星期,赵二就从工地溜走了,他嫌工地的活累,睡得也不舒服,菜里没有肉,自己根本没法生存。

不得已,表哥又为他找了几个工作,可是赵二都以同样的借口,最后选择了放弃。到了后来,他赖在表哥家里不走。表哥见他这个样子,不由勃然大怒,将他赶了出去。这一走,没人知道他去了哪里。

几个月后,一个村民在河边的废弃屋里发现了赵二的尸体。后来经检查,判断他是饿死的。

一个人想要得到幸福的生活,就必须学会独立,抛弃过去那种依赖心理。即使你是腰缠万贯的公子哥,也不能总依赖着家人。毕竟,钱总有花光的那一天,到了那个时候,你还能依赖谁?只有拥有独立意识,才可以促使自己主动塑造自己,促使自己不断走向自我完善。总是依赖他人的人,又有几个能获得长久的成功和幸福呢?所以,唯有独立,才能改变自己的处境,甚至能改变自己的命运。

梁启超曾说过这样一段话:"每个人都应该具有自强不息的独立意识,凡事靠自己,断绝依赖他人的念头,如同打仗行军,陷入敌军的重重包围之中,只有各自为政,拼死突围,方能寻得一条生路。如果总想依靠援军,想得到别人的帮助,必定从思想上削弱了战斗力,一旦陷入重围,万难寻出生路。"生活中亦是如此,总想依靠别人,到头来你会发现:原来绝路已经包围了自己!

方法四 / 保持一份平和的心态

人的一生中，不可避免地会遭遇失败或不幸。面对痛苦，很多人会陷入无尽的悲伤之中，甚至从此自暴自弃。

让一个人面对不幸却若无其事，这的确非常不现实。但是，要想好好地生活下去，我们就必须及时控制自己的情绪，尽快从沮丧、悲观中逃离，不要让悲伤永远笼罩在身边。

佳薇是一个美国女孩，住在爱达荷州。几年前，她遭遇了人生的最大打击，心里无尽悲伤。不过，就是在最悲惨的情况下，她积极调整了心态，终于获得了转机。

佳薇说："其实在八年前，我就被死神盯上了。当时医生告诉我，我会痛苦地死于癌症。可是，我还年轻、我不想死。但除了悲伤之外，我还能做什么呢？"

"绝望之余，我开始调整自己的心态，给我的医生打电话告诉他我的内心。医生对我说：'佳薇，难道你一点斗志也没有了吗？你要是一直这样哭下去的话，你一定会死的。不错，你确实是碰上了最坏的情况，但要面对现实，不要忧虑，然后再想点办法。'"

医生的话，让佳薇的心态逐渐平静了下来。佳薇发了一个誓："我不会再忧虑了，我不会再哭泣了。如果还有什么需要我常常想起的，那就是我一定要赢，我一定要活下去！"

有了这份平和的心态，佳薇的状态好了许多。她说："在不能用镭照射的情况下，我每天只能用 X 光照射 10 分半钟，连续照 13 天。但医生每天为我照 14 分半钟，连续照了 49 天。虽然我的身体越来越差，两脚重得像铅块,但我却不忧虑,也没哭过一次。我面带微笑,不错,我的确是勉强自己微笑。当然,我不会傻到以为只要微笑就能治疗癌症。可我确信,愉快的精神状态,平和的情绪,将有助于抵抗身体的疾病。总之,我经历了一次治愈癌症的奇迹。在过去这几年里,我从未像现在这样健康过,这都多亏了这句富于挑战性和战斗性的话:面对现实,不要忧虑,改变过去那种不良的心态,以平和的态度面对问题,那么奇迹也许就会上演。

每个人都会在人生的长河之中遭遇不幸,然而,一个身处逆境却依旧能够微笑的人,要比一个陷入困境就会立即崩溃的人获益更多。只有身处逆境而乐观的人,才具有获得成功的潜能。

试想,如果当你面对不幸之时,总表现出闷闷不乐的情绪,或者一味地悲伤抱怨,那么人们一定会对你避而远之,让你的心灵更加空寂。所以,无论你的境况多么不利,你也应努力支配你的环境,尽可能调整心态,保持一份平和的心态,把自己从黑暗中拯救出来。当一个人有勇气从黑暗中抬起头来,面向阳光的一面走去时,以后便不会再有阴影了。

如果你能做到这一点,那么你就会发现,其实你已经做到了战胜不幸、战胜悲伤,后面的事情都会迎刃而解。相信自己,也相信上苍会善待积极、乐观的人,这是每个人都应学会的心理调节法。正如亚力西斯·柯瑞尔博士说的那样:"不知道怎样抗拒悲伤的人,都会短命。"心情豁达,乐以忘忧,保持平和、轻松、愉快的精神状态,这样你的身心和生活才能健康、幸福。

方法五/做个"门外汉"

每个人都渴望幸福,然而很多人又不懂得这样的道理:真正的幸福来自宁静,来自淡泊的心胸。过淡泊宁静的生活,这是许多人不愿意的。因为在他们眼里,人生就是享受,如果不尽情享受,那还有什么幸福和快乐可言呢?

事实上,有这种观点的人,他一生也许并没有多少幸福和快乐。因为,他总有那么多的追求,得到的却往往不尽如人意。所以,人生在世,主观上追求什么,就能从根本上决定一生的命运。追求功名利禄的人,整天考虑的是他人对自己如何如何评价,必然活得累。自觉追求淡然恬静的人,自然是荣辱毁誉不上心。按照自己的原则做人,做个古人所说的"没事汉、清闲人"。

范蠡是大家熟悉的历史人物,他能够功成名就,被后人津津乐道,关键就在于他始终保持那一份宁静、淡泊的心胸。

在范蠡的前半生,他没有想着享乐,而是效忠于越王勾践,苦心辅佐他。"十年生聚,十年教训",用二十余年的时间苦心谋划,勾践终于在范蠡的协助下打败了吴国。

当越国重新崛起后,一般人都会认为,此时范蠡一定会加官进爵。但是,范蠡毅然辞书一封,放弃了越王勾践给他的高官厚禄,只带了大美女西施在齐国隐居。他在那段时间里面更改了姓名,"耕于海畔,苦身戮力,父子治产",没过几年就累积了数十万的财产。齐国人知道这件事后很仰慕他的才能,而且由于他的人品也很好,所以被齐国的人们认为是贤人,于是被请去做齐国的宰相。

不过,范蠡并没有感到这是什么高兴的事情,反而有些反感。他感叹道:"居家则致千金,居官则至卿相,此布衣之极也。久受尊名,不祥。"于是,他就归还了齐国的相印,把自己的数十万财产分给齐国的乡亲和他的朋友,与家人选择离开。

在范蠡眼中,这些所谓的高官厚禄不过是过眼云烟,自己追求的是一种宁静、淡泊的生活。后来,他到了一个叫"陶"的地方,于是自称"陶朱公"

并且留了下来。他和儿子从农耕畜牧开始,抓住时机从事商品贸易,薄利多销,时间不长就又积聚起了一大笔财富。不过对于名利,他已再无追求,而是格外享受着这份宁静。

范蠡带着一颗平和的心,始终在名利面前保持清醒,这是他一辈子可以得到幸福和取得成功的根本原因。由此可见,幸福和名利无关。达到幸福,唯一的途径就是保持一份宁静、淡泊的心态。

现代人总是感受不到快乐,究其原因,就是不懂得给自己一份宁静、淡泊的心胸。我们追逐那些华而不实的名利,使生活成为机械化的程序,结果是复杂了自己的生活和心情,离幸福越来越远。也许一时的物质名利,会让我们感到短暂的快乐,但只有到临终的时候,才会悲哀地发现,自己的一生,原来是这么的不幸福。

所以,想要有一个快乐的心态,那么就要懂得"人生在世,功名利禄和家财万贯都只不过是过眼云烟"的道理。保持一颗平常心,反省过去的所作所为,用宁静、淡泊的心胸面对生活,这样才能最终得到幸福。

方法六 / 克制愤怒,不做生气的人

人的一生需要经历许多事情,不可能所有事情都顺心顺意。不顺心时,每个人都可能失去理智、暴跳如雷。可是我们也知道,愤怒对自己的心理并没有帮助。一次愤怒无妨,但是如果始终生活在愤怒的情绪当中,那么他不仅得不到本应属于自己的快乐,甚至会让自己变得冷漠、无情和残酷,后果非常可怕。

如果我们想拥有一个健康的心灵,那么就应时刻注意制怒,不让愤怒左右我们的情绪。在生活中我们经常看见很多人为了一点很小的事情而怒容满面,甚至与他人大打出手,这样的人,心理状态又怎能健康?那些怒

火横冲直撞而不加抑制的人,是难成大器的。

1936年9月7日,世界台球冠军争夺赛在纽约举行。众多选手中,路易斯·福克斯的成绩非常好,一路杀进决赛,只要再得几分便可稳拿冠军了。就连组委会,也都开始准备为福克斯颁奖。

然而就在这个时候,出人意料的事情发生了:轮到福克斯出杆时,他发现一只苍蝇落在主球上了,于是挥手将苍蝇赶走了。

谁知,就在福克斯准备再次击球时,那只苍蝇又回来了。不得已,福克斯在观众的笑声中再一次起身驱赶苍蝇。这只讨厌的苍蝇破坏了他的情绪,而且更为糟糕的是,苍蝇好像是有意跟他作对,他一回到球台,它就又飞回到主球上来,引得周围的观众哈哈大笑。

这只苍蝇一遍遍地与自己作对,让路易斯·福克斯的情绪有些失控了,狠狠地握紧了拳头。当这只苍蝇再次如此时,他愤怒地用球杆去击打苍蝇,球杆碰到了主球,裁判判他犯规,他因此失去了一轮机会。

这次失误,使福克斯方寸大乱,之前的战术全部丢到了脑后。他的这种表现,激起对手约翰·迪瑞的斗志,他愈战愈勇,终于赶上并超过了福克斯,最后拿走了桂冠。

就在所有人都以为,这件事终于画上了句号之时,第二天早上人们在河里发现了路易斯·福克斯的尸体。没有人想到,因为愤怒,福克斯居然投河自杀了!

这件事在当时引起了巨大的轰动,因为没有人想到,所向无敌的世界冠军竟然被一只小小的苍蝇击倒了。更没有人想到,一次愤怒,竟能导致死亡事件的出现。

由此可见,愤怒会对心理产生多大的影响!其实,这种愤怒是可以完全可以避免的。当愤怒来临的时候,只要善于自我克制,做自己情绪的主人,不要让冲动把我们带到人生危机的边缘。俗语说得好:"不能生气的人是懦夫，而不去生气的人才是聪明人。"

遇到某些恼人的事情，人的确需要宣泄，否则就会造成心理压抑。但多数情况下，我们最需要的是冷静，尤其是想对别人发脾气时，一定要克制自己的愤怒。有的人往往为了一点儿芝麻绿豆大的事情就大动干戈，对自己、对别人都造成很大的危害。

如果我们想要获得一个成熟、健康的心理，就应学会制怒，不让愤怒左右我们的情绪。愤怒情绪是人生的一大误区，是一种心理病毒，不加控制，等待你的只有一无所有。我们可以通过其他活动转移情绪，我们可以寻找快乐，从而释放那份不应存在的"怒火"。

方法七 / 学会自我安慰，让自己成为"阿Q"

在这个世界上，没有任何一个人能够永远一帆风顺，我们总会遇到各种不开心的事情。有的人遭遇不幸，就会变得情绪低落，迟迟不能走出低谷，甚至还导致一些疾病的出现。

的确，生活不仅只有快乐，有的时候，意外之事总会与你不期而遇。不过尽管如此，要使它美好却也不是很难。当然为了做到这点，光是中头彩赢500万、娶个漂亮女人、以好名声出名，这还是不够的——这些福分都是无常的，而且也很容易习惯。

为了不断地感到幸福，我们就应不断地调整心理，主动避开那些意外之事；或者就像阿Q那样，时常很高兴地感到："我真是幸运，事情原本可能更糟呢。"倘若你能做到这一点，那么情绪自然就会稳定许多。

丽丽原本有一个幸福的家庭，可是她没有想到，经营了七年的婚姻，在旁人眼里是那样的美满幸福，但说解体就解体了。这是因为丈夫经不起婚外情的诱惑,一夜之间成了陌路人。

离婚后的丽丽,被甩出原有的生活轨道,刚开始只是躲在家里悲戚,晚上流泪失眠,白天萎靡不振,成天都似大祸临头一般。不知不觉中,只有三十出头的她发现,自己的头顶竟有了少许的黑发变白。面对不该有的一根根白发,丽丽痛下决心,一定要改变自己。

从这以后,丽丽不再拒绝户外的阳光,常带着女儿去公园坐坐,去书店看书,去郊外爬山行走于田间。天空是那样地广阔辽远;山间是那样地清晰亮丽;田间劳动的汗水展现着欣欣向荣的景象。丽丽感受着这些生活,心里告诉自己:"哼,多亏离婚了,要不然我什么时候才能享受到这种美好的生活呢?"

人是可以被打倒的,但任何人也阻止不了自己从地上爬起来。所以,学会自我安慰,调整心态积极面对内心与外界,能帮助你走出困境,重获新生。甚至,还有人总结出了几个"阿Q语录",让你学会调整心态:

要是火柴在你的衣袋里着起来了,那你应当高兴,而且感谢上苍:多亏衣袋不是火药库。

要是有穷亲戚上门来找你,不要脸色发白,而要喜洋洋地叫道:"挺好,幸亏来的不是警察!"

要是你的手指头扎了一根刺,那你应当高兴:"挺好,多亏这根刺不是扎在眼睛里!"

如果你的妻子或者孩子练钢琴,不要发脾气,而要感激这份福气:你是在听音乐,而不是在听狼嗥或者猫叫的音乐会。

要是你不是住在十分偏远的地方,那你一想到命运总算没有把你送到边远地方去,岂不觉着幸福?

要是拔牙时,医生错拔了好牙而留下了坏牙,那你也应该高兴:幸亏他拔错的是一颗牙,而不是内脏器官。

要是妻子对你变了心,那就该高兴,多亏她背叛的是你,不是国家。

要是你正在走路,突然掉进一个泥坑,出来后你成了一个"泥"人,那你应该高兴:幸亏掉进的是泥坑,而不是的沼泽……

依此类推,当你遇到不幸之时,不妨多多运用"阿Q精神",这样你的生活就会欢乐无穷。只要改变了心态,你身边的世界也会跟着变成你所期望的模样。

要改变周围的世界,就要从内在改变做起,把自己的生命引导上积极的路径。心理一改变,身体、精神也随之变化,振奋的情绪在体内不断地凝聚和上升,不禁让人获得一种永远向上的力量,从而使自己充满活力。

方法八 / 莫被一些无关紧要的小事所累

现代人的心理承受力似乎越来越差,经常会因为一点鸡毛蒜皮的小事,为自己结下一生的死结。结果当生活的谜底翻开时,才发现自己有些小题大做,不过此时为时已晚,最好的光阴已逝,不由后悔莫及。

人生难免会遇上个沟沟坎坎,有时候,一件特别小的事情如果不能释怀,可能就会使你长期戴上痛苦的紧箍咒,影响到自己的生活状态。所以,还是宽容地对待生活吧,反省那种不必要的心态,莫为一些无关紧要的小事,影响到自己人生的大局。

张启和张华是一对双胞胎兄弟,从小就在父亲的教育下学习商业经营。后来父亲去世了,他们俩接手共同经营父亲留下的商店。

最初的一段时间,兄弟俩很懂得合作,因此小店也是井井有条。可是有一天,商店里十块钱丢失了,于是一切都发生了变化。原来,张启哥哥将十元钱放进收银机后,就与顾客外出办事,当他回到店里时,突然发现收银机里面的钱已经不见了!

张启很紧张,问张华:"你有没有看到收银机里面的钱?"张华说:"我没有看到。"

不过,张启并没有相信他的话,咄咄逼人地追问,不愿就此罢休。他说:"钱不会长了腿跑掉的,我认为你一定看见过。"语气中隐约地带有强烈的质疑。

张华非常委屈,见哥哥不信任自己,怨恨之情油然而生。从此,手足之情出现了裂痕。双方都对此事一直耿耿于怀,后来决定不在一起生活,从此分居而立。

一转眼20年过去了,兄弟俩依旧没有缓和。有一天,一位开着外地车牌汽车的男子在张启的店门口停下。他走进店里问道:"您在这个店里工作多久了?"

张启说:"我这辈子都在这店里服务。"

听到这里,那位客人道:"那可太好了。老板,我必须告诉你一件很久很久以前的事情。那是20年前了,我还是个流浪汉,一天流浪到这个镇上,肚子已经好几天没有进食了,我偷偷地从您这家店的后门溜进来,并且将收银机里面的十元钱取走。虽然时过境迁,但对这件事情一直无法忘怀。十块钱虽然是个小数目,但是我深受良心的谴责,必须回到这里来请求您的原谅。"

客人的话,让张启大哭起来。片刻之后,他用语带哽咽的音调请求他:"是否也能到隔壁商店将故事再说一次呢?"

当这陌生男子到隔壁的那家商店说完故事以后,他惊愕地看到两位面貌相像的中年男子,在商店门口痛哭失声、相拥而泣。

就是因为十块钱的小事,让兄弟两个心态失衡,从此不相往来,这是多么得不偿失的事情!尽管张启和张华两兄弟重归于好,可是,20年这么长时间的痛苦和烦恼谁能补偿?仅仅因为十块钱,仅仅因为两人的心结,丧失了兄弟亲情，丧失了多少和睦与美好，还给双方家庭带来无尽的烦恼。

　　在现实生活中，为一点小事结下一生的死结，这样的例子还有很多，到头来几乎所有当事人都后悔莫及。所以，生活中的你我，千万不要等到生活的谜底翻开时才后悔莫及。放松心态，找到谜题的真正答案，这样我们才能解开心中的疑问，而不是凭着主观意愿胡乱猜测，从而导致自己的心态失衡，导致不必要的麻烦出现！

第二章
变通中调节好心情的五个方法

方法一 / 换个角度处理与他人的矛盾

什么是烟花？烟花是点亮夜空的花朵，更是点亮人心的灿烂。而在现实生活中，烟花就是良好的人际关系。当你和别人之间永远如烟花一般绚丽，那么快乐的情绪怎会离你远去？

所以，为了得到这样的"烟花"，我们就必须学会与他人建立和谐的人际关系。当然，有些时候我们会受到别人的恶意攻击，然而只要我们能换个视角，找到改善之路，那么，因为矛盾所带来的心理失衡也会烟消云散。

郭培是一家电脑公司的职员，她工作认真、态度和蔼，因此很受同事喜爱。不过，也不是所有人都喜欢她，例如郑艳红。

郭培不知道，自己到底做错了什么，郑艳红总是对自己很冷淡，在职场上和自己过不去。一开始，郭培自然也是很烦恼，不过后来她认为这种情况不改变，自己永远不能快乐，于是决定改变这种状况。

有一天，部门经理因为急事找郑艳红，想要询问她一份合同是否做好，然而，郑艳红却因为私事恰巧离开了公司，临走的时候只和旁边的另一位同事说了一声。不巧的是，正好经理来找郑艳红的时候那位同事出去上洗手间,而经理又十分着急要那份合同,因此他很直接地表示出对郑艳红的不满。

经理的发火,让大家也不敢言语。这时,郭培突然站了起来,说道:"经理,郑艳红今天似乎身体不舒服,她去了洗手间,一会儿我给她打个电话,帮您把文件送过去。"

郭培的借口滴水不漏,因此经理也没说什么,只好离开了。经理走后,郭培立刻给郑艳红打电话,郑艳红仍然用十分不屑的语气同她讲话。郭培没有任何多余的语言,只问道:"合同在哪里,经理现在要。"

郭培的话,这才让郑艳红紧张了起来。她急忙向郭培说清楚合同放在哪里,并且"拜托"她帮忙送过去。

郭培找到了合同,交到了经理手上,还好经理没有追究。这时,郑艳红赶了回来。看着打出"OK"手势的郭培,她尴尬地笑了笑。就这样,两人的关系立刻得到了缓解。

这件事后,郭培和郑艳红之间的关系迅速改进。有时,郑艳红还会在工作上主动帮助郭培。后来,两人都成了企业的中级领导,郑艳红无数次表示,如果没有郭培的帮助,也许现在自己早已失业。在心里,郑艳红非常感激郭培,认为郭培是一个非常值得交往的朋友。

面对郑艳红的攻击,郭培没有选择正面对抗,而是选择了另外一种方法,这不仅让她和郑艳红的关系缓和,更让郑艳红立刻钦佩起自己,从而收获了一份珍贵的友谊。有了这份友谊,郭培在工作中也会顺利许多、快乐许多。

郭培的这种方法,正说明了她的"聪明"。郭培知道,从郑艳红的角度来说,公司里有一个不顺眼的人,自己心里也不会痛快。那么,何不改变这一局面,让双方成为朋友,这样大家岂不是快乐许多?正是这种"换位心理",郭培才能化解尴尬,赢得友谊,赢得快乐。

所以，无论是谁，尤其是职场人士，别总把职场当作"战场"。尽管职场充满竞争，但这不等于要和"人情味"绝缘。当你努力改变过去的矛盾时，对方能够对你产生感恩之心，你在公司的口碑自然也居高不下。得到从同事到领导的喜爱，自己又怎可能没有一个好心情？

方法二 / 换个想法去追求快乐

每个人都奢望快乐，然而快乐却不似"棒棒糖"，只要你花钱就能买到。有的人奋斗了一辈子，赚了亿万财富，却仍与快乐无缘。为什么会如此？因为快乐是一种看不见、摸不到，却能感觉到的情绪，不可能明码出售。所以，我们不能用财富来衡量快乐，绝大多数情况下，财富≠快乐。

也正因为如此，追逐快乐才显得那么艰辛。然而事实上，想要得到快乐，这并不需要你"咬牙切齿"地争取，只要稍微变通，那么就能唾手可得。很多时候，我们得不到快乐是因为走入了思维的死角，思维太僵化保守，太墨守成规了！我们可以在追求快乐的路上变通一下，换个想法，这样，很多问题就可以迎刃而解了。

王羲之是举世闻名的大书法家，从古至今，所有人都为得他的字画争得头破血流。可以说，王羲之的字画，象征着财富，象征着满足，没有一个人能够拒绝。

然而很少有人知道，王羲之对鹅也颇为欣赏。传说，他的书法就是因为他长年细心观察鹅的形态，所以才悟出来的。

有一年，王羲之听说某个村子里一个老大娘的鹅非常漂亮，这自然引起了王羲之的兴趣。于是，他想去拜访那个老大娘。老大娘得知了这个消息后，顿时觉得脸上有光，但是家里家徒四壁，于是就狠下心来把鹅给杀了,以此招待王羲之。

没过几天,王羲之来到了老大娘的家里,令他无比失望的是,那只鹅已经被拔光了毛躺在锅里了。王羲之非常难过,又不好责备老大娘,只好怀着郁闷的心情走了。

就在回家的途中,王羲之突然听到了一阵鹅叫之声。这些鹅的声音,可以说是王羲之很少听到的,于是他按捺住兴奋,循声走到一个道观里。

走近道观,王羲之才发现,原来这里有很多鹅,它们比普通的鹅要漂亮许多。王羲之越看越喜欢,这时,一个道士走了出来,表示自己就是鹅的主人。

见到道士,王羲之说:"这些鹅很漂亮,我想出钱买。"不过,道士却显得很为难,说:"我的这些鹅不是养来卖的。"

因为王羲之非常想要得到这些鹅,于是就百般请求。最后,那个道士说:"这样吧,你就给我抄一部《道德经》,抄完之后我就给你几只鹅。"

这个要求,王羲之马上答应了,毕竟这对他来说很轻松。然而他不知道的是,原来这是道士的一个策略。道士听说王羲之很少给别人写字,所以专门买了很多鹅精心饲养,等待王羲之上门。最后道士终于达成所愿,用几只鹅换到了千金难求的字。

王羲之的字画,正代表着快乐,这是很多人怎么追求也得不到的。他们用千金,或者是奇珍异宝,却依然没有让王羲之动笔。然而,这个道士却很聪明,因为他知道,王羲之的心里想的是什么。可以说,这次简单的变通,就让他达到了目标,收获了快乐。

现实中的我们,也应当有这样的"变通"手段,洞悉那份快乐的真实含义,利用其他方法将其纳为己有。有的时候,快乐看似很远,但实际上它就在你的眼前,只要你能找到变通之法,那么把它牢牢掌握也就不是难题。

方法三 / 与孩子交往中,要学会换位思考

做父母的人,经常会这么抱怨自己的孩子:"真搞不懂现在的年轻人,不愁吃不愁穿的,要什么就有什么,还说我们管得太多,真是身在福中不知福。"每当看到孩子所谓的"不务正业",气就不打一处来,不仅让自己的心情骤转急下,更破坏了原本良好的亲子关系。

父母在大发雷霆的同时,孩子的心里也有自己的抱怨:"爸爸妈妈总是要逼着我学这学那,我真的是一点儿自由都没有,活着真没意思!"

为什么会出现这样的局面?关键就在于,父母不了解孩子的心。父母总以为自己的愿望和感受可以替代孩子的主观需求,却忽视了孩子除了吃好穿好的需要外,还有渴望得到尊重、渴望独立自主、渴望自由创造的需要。

所以,想要在与孩子的交往中感受到快乐,那么我们就应该调整心态,不要总做出高高在上的样子,而是应当学会换位思考,了解孩子的心思。

小荣和小强是同学,他们的父母也是好朋友。可是,两个人的成绩却大相径庭:小荣已经顺利跳级考上北大,小强在高中却一直垫底。为此,小强的爸爸很生气,和儿子总是一言不合便争吵起来。

一天,小强的爸爸见到了小荣的爸爸,说出了内心的困惑。小荣的父亲说:"你别羡慕我,其实我也没什么高招。说实话,从小荣上初中以后我管得少,她自己认为该怎么做就怎么做,她需要我帮她解决问题时,她会对我讲。现在的孩子在分析问题、解决问题时往往都有独到的一面,有时真还要向他们学习才行哪!"

小强的爸爸说:"这是什么意思?"小荣的爸爸说:"哎,其实过去,我也

为小荣伤透了脑筋，小时候她放学回来不是在家里上蹦下跳，就是出去找伴玩，没有办法，我和妻子商量，在保证孩子不走歪路的前提下就任其自然发展。"

"为什么后来转变那么大呢？"小强的父亲感到很好奇。

小荣的爸爸说："说出来你可能还不相信，还是玩帮了孩子大忙。随着年龄的增长，她玩的品位也越来越高，同时也为了自己能够在伙伴中树立威信，就迫使她不得不去学习，在学习的过程中她又知道了该怎么玩。就拿她自己的话说，学习是玩，玩也是学习。记得有一次她躲到家中的大衣柜里，只有框门上的一个小孔透着亮光，她从小孔向外一看，发现所有的人都是倒立的，顿时像哥伦布发现新大陆一般，好奇心大发。为了找到这个现象的答案，每天放学后她就开始查阅资料，过了一个星期终于在物理书上找到了答案。所以，她上初中后就学会了自觉学习。现在我都不怎么特别管她，轻松得很。"

小荣爸爸的话，让小强的爸爸若有所思。他这才明白，原来是自己没摆正心态，才让孩子不上进，更让自己抬不起头。

两位父亲的不同心理状态，让他们有了不同的教育方式，从而产生了两种不同的结果。小强的成绩之所以没有起色，就在于父亲从没有站在他的立场上想问题，缺少换位思考，最终导致父母和孩子都不快乐，都觉得对方"有点烦"。

所以说，想要和孩子建立友谊，想要与孩子共同体会成长的快乐，那么父母就应调整心态，不要总拿自己的观念强迫孩子，而是应当在不违背原则的前提下任其自然，给孩子自由的空间，让孩子有时间与大人沟通，有时间去玩。只有这样，你才能感到孩子越来越进步，而孩子也认为你很理解自己。这个时候，你又怎会因为孩子的不争气而感到烦恼？

方法四 / 站在老板的角度看问题

身在职场的白领一族,如今最喜欢做的事情就是抱怨老板。老板不理解自己、老板太吝啬、老板不知道加薪……总之,他们对老板永远有说不完的抱怨,而没有由衷的感激。

事实上,你的这种抱怨,真的有什么明显效果吗?是不是说出了更让自己烦恼,或是一时过了嘴瘾外,其他对自己再无任何帮助?甚至,是不是还有过因为抱怨被老板得知,自己受了处分的事情?

其实,你自己是否考虑过,老板为何会对你这么严厉?如果你当了老板,你会有何种表现?当你会用换位思考的方式来分析这件事,那么你的心态就会平静许多。甚至,因为换位思考,你还会赢得更多的机遇:

艾瑞克在一家修理厂工作了许多年,可谓是厂里的老员工。然而,随着经济危机的到来,他和几名同事一起接到了老板的解聘通知书。

当拿到这份解聘书时,很多工人都感到自己的一切都完了,不由憎恨起老板来。甚至,还有几个人直接跑到老板那里,对老板进行了一番辱骂,临走时还踹破了公司的大门。

这一切,老板都抱着大度的态度没有追究,因为他也知道这些失业者今后的难处。不过,令他感到意外的是,在被解雇的这批人里,唯有艾瑞克没有参与这次"辱骂"行动,他便决定找艾瑞克问个明白。

老板原本以为,艾瑞克已经收拾了东西准备离开,谁知却在机床前找到了他。当时,艾瑞克还穿着那身油腻的工作服,正在车间修理一台机器。那认真的工作劲头,像丝毫没有接到解聘书一样。

老板不知道艾瑞克是什么意思,于是小心地问道:"艾瑞克,你在干什么?难道你不恨我吗?"

艾瑞克转过头,笑了笑说:"先生,尽管现在您已经不是我的老板了,可是我还是很尊敬您。"

艾瑞克的话,让老板有些摸不到头脑。接着,艾瑞克又说:"我很感激您,给了我工作的机会,要不然这些年我早就要饭了。而你今天之所以这样做,我想是因为公司受大环境的影响,我相信你做出这个决定也是迫不得已的,因此,我很理解你,也很同情公司目前的处境。我看现在下班还有半个小时,我不能就这么直接走人,我要把活干完再走。"

看着艾瑞克,老板一句话也没说,眼圈顿时红了。3个月后,老板主动给艾瑞克打去了电话,说公司经济开始好转,只要他愿意,马上可以回去上班。

自然地,艾瑞克接受了老板的聘请,回到了厂里,这时他发现,这次公司只招聘了他一个人,而当初和他一起被解雇的同事,现在依然在人才市场上奔波。

艾瑞克能再次得到这份工作,首先这和他的业务能力有着直接关系,但更重要的是,他懂得换位思考,懂得理解老板的选择,因此,他也不会恼羞成怒地和老板争吵,这给了他再次上岗的机会。所以说,换位思考在人际沟通上是非常重要的,因为不了解对方的立场、感受及想法,我们就无法正确地思考与回应。

那么,换位思考到底是什么呢?其实就是"理解"别人的想法、感受,从对方的立场来看事情。能够做到这一点,你就会与对方迅速拉近关系,这不仅能够让你的心态平稳,同时还能给对方留下好印象。反之,如果你总是抱怨老板,觉得什么都不如意,终日怨气冲天、牢骚满腹,总觉得老板亏欠自己,那么你就有可能真的得不到老板的重视和提拔,更毁了自己的情绪。

方法五 / 与人相处，多考虑一下别人的感受

纵观中国古代的文人墨客，无论他们的成就有多高，总有一个明显的特点：清高。某些时候看，这种清高会让自己显得与众不同，表现出了某种高洁的品格。可是，如果一味地清高，则不仅不会得到称赞，反而会遭人唾弃、受到打击。

时间的长河流到了今天，"清高"的含义与古代截然不同，它已等同于不合群、难相处。而清高的人，总会从自己的角度看待问题，总会产生一种"众人皆醉我独醒"的情愫。这种心态，只会使自己成为众矢之的，陷入危险被动的境地。

其实，所谓"清高"的人，内心是非常自私的。他们不愿意考虑别人的想法，只活在自己的世界中。试想，这样一个不愿意与别人交流、不愿意与别人沟通的人，怎么可能得到大家的尊重？最终的结局，只能是自己陷于不被信任、不被理解的旋涡里，总感到所有人都不理解自己，心中无比苦闷。

盖宽饶是西汉时期著名的忠臣，他一辈子为人耿直，从不贪赃枉法。然而，也正是因为自己的清高，他一再结怨于公卿显贵，因此仕途非常不顺利，很多地位比他低、能力比他差的凡庸之辈都超过了他。

他的这种待遇，自然被朋友看在眼里。一天，他的好朋友王生写信对他说："盖宽饶，我们知道你的廉政，连皇帝也不可例外。可是，你却一再以激烈的言辞指斥那些大臣，痛骂他们的不是。你也不想想，如今朝中的执政大臣们，哪一个不是一些玩弄权力的老手？他们如果花言巧语地向皇上进言，加罪于你，你能避得开他们吗？说实话，看到你这样清高、一意孤行，我真是很为你痛心。要知道，大丈夫立世，应当正直而又不过分僵硬，灵活

而又不失去分寸。古人讲'明哲保身',就是这个道理。"

虽然王生的话说得有情有理,可是,盖宽饶却依旧不愿改变,这终于为他埋下了悲惨的伏笔。

有一次,皇帝的岳父许广汉乔迁新居,百官闻之步步前往道贺。可是,盖宽饶却不这么做,他认为这是一干无聊的人在那里同流合污,自己是不屑于出入那种地方的。后来,在许广汉的一再邀请下,盖宽饶才勉强答应前去。

即使见了皇帝的岳父大人,盖宽饶依旧是老样子,不忘讽刺那些官员。临出门,盖宽饶还说,他要向朝廷劾奏刚才最出风头的檀长卿,说他以大臣而作猴狗之态,有失身份与尊严。

谁知,事情的发展远不如盖宽饶的想象。汉宣帝认为这是小事,就不了了之。而他的这个行为,引起了众大臣的怀恨,诬称他大逆不道。皇帝不禁勃然大怒,而朝廷百官没有一个人支持他,最终盖宽饶只好含恨在宫门口自杀。

实话实说,盖宽饶的确是个忠臣,可是,他不懂得从别人的角度考虑问题,这才造成了自己的不归路。这一切,都是由于"清高"所造成的。其实,在一些小问题上,在一些非原则性的问题上,他大可以睁一只眼,闭一只眼。正是由于他平日里清高得过了头,不与人交好,在性命攸关时,竟然没有几人为之求情,可见盖宽饶的人际关系是多么失败。事实上,在正史中,汉宣帝并不是一位昏君,许广汉也并非奸臣,他的丧命,和自己的心态脱不了干系。

所以说,面对如今这个复杂的社会,我们当然可以坚守自己的原则,保持内心的清高,但是,我们也不能因此不考虑别人的感受。我们可以和所鄙夷的人打招呼、讨论问题,还需要学会与对手握手和拥抱,能够做到这一点的人,才能平平安安地享受生活。

第三章
远离争吵调节好心情的六个方法

方法一 / 避免无谓的争论

世界上没有两片相同的树叶,同样,每个人的想法也不尽相同。与人交往,意见不合是正常的事情,出现争执也是正常现象。

可是,正是因为争执,有的人不免心态失衡,非要和对方争得"天昏地暗"。这种人头脑灵活、牙尖嘴利、好胜心极强不把对方说得哑口无言、低头认输绝不罢休;这种人言语犀利,善于抓住别人语言的漏洞,在辩论中往往占有绝对优势,仗着自己实力强大,说话得理不饶人,把别人批判得一无是处。

可是,又有几个人知道,这样的人,其实心里并不好受。因为他们总要与别人争论,心里充满了愤恨,因此心态自然波动异常,终日生活在急躁之中。不仅如此,他的这种行为还会招致他人的嫉恨与疏远,无形中为自己埋下了祸根。

谢丽萍在一个大商场中当经理。有一天她正在办公,突然听到外面有争吵的声音,赶忙跑出去看。原来,一个年轻人从商店买了一件西服,但是他穿了一星期就失望了:原来那件衣服掉色,把他的衬衣染了。他拿着这件衣服来到商店,找到卖这件衣服的售货员。

正当年轻人说着自己的问题时,售货员打断了他的话:"我们卖了几

第一篇　如何调节好心情

十套这样的衣服,你是第一个找上门来抱怨衣服质量不好的人。"说完,还冷笑了一声。从她的语气听,似乎那个年轻人在撒谎,想把责任推给商场。另一个售货员也说:"所有深色礼服开始穿时都会褪色,一点儿办法都没有。特别是这种价钱的衣服,这种衣服是染过的。"

"你们这么说,意思就是我无理取闹是吧?"年轻人气得差点跳起来。

谢丽萍看到事情如此发展,当然不能够坐视不理。正当年轻人准备做出反击的时候,她来到年轻人跟前,很客气地说:"很对不起,是我们做得不对。您想怎么处理?我尽量考虑您的建议。"说完后就批评那两个售货员,"你们怎么能够这样对客户说话,客户是来解决问题的,而不是让我们推卸责任的。"

听到谢丽萍这样说,年轻人的火气消了一大半,便说:"我倒是想听听您的意见。我想知道这套衣服以后还会不会再染脏衬衣,能否再想点什么办法。"

"那我建议您再穿一星期。如果还不满意,就把它拿来,我们想办法解决。请原谅,给您添了这些麻烦。"

谢丽萍的话,尽管让年轻人依旧半信半疑,但他还是较为满意地离开了商店。一个星期以后,年轻人也没有来,或许衣服不再掉色了。

谢丽萍的聪明之处就在于:不会因为售货员和客户的争论,让自己的心态出现明显波动,从而避免了争吵的升级,将无谓的争论打上休止符。

正所谓"良言一句三冬暖,恶语伤人六月寒"。在与别人出现矛盾时,我们都觉得自己有道理,但又说服不了对方,沟通就会陷入僵持。这个时候不妨换一种方式表达,大家都冷静一下,换个角度重新思考问题,或许会得到意想不到的结果。如果我们谁也不做妥协,那么争执势必会陷入僵持,谁也说服不了谁,最后导致两人情绪越来越差,出现一些恶性事件。

其实,一个喜欢争论的人,不仅自己的心里不痛快,就连其他人也不喜欢和自己交往，遭人冷落，受人排斥。要明白，生活中的相处并不是辩论赛，赢了往往什么也得不到，除了他人的恼怒、内心的怨恨。现实生活中，做人应该有雅量，时时提防因为口舌惹起的祸端。

方法二 / 口头上不必占尽上风

　　生活中，我们有时会与他人出现争论，这本身无可避免。与人争论时，会做人的人不会去蹚浑水，因为他们知道逞口舌之快招人烦。即使在针锋相对的争论中，自己暂时获得了上风，但这不代表你就是胜利者，而恰恰象征了你人格上的失败、心理上的失败。

　　孔融是家喻户晓的人物，从小就十分聪颖，"孔融让梨"的故事一直为后世所流传和称道。他非常能言善辩，这一点既给他带来了好处，也给他造成了祸害。

　　孔融10岁时，有一天跟随父亲到洛阳游玩。途中，他想要拜会当时的才子李元礼。凭借着足智多谋，李元礼不禁暗中啧啧称奇，对他刮目相看，视为奇才。后来孔融长大后，李元礼力排众议推荐他为京都大学之师，并视之为忘年之友。

　　在这个阶段，李元礼非常欣赏孔融的智慧。不过，孔融锋芒太劲的言语，又为他英才多劫的人生埋下了沉重的伏笔。

　　有一次，孔融正在和李元礼谈话，碰巧太中大夫陈炜前来造访。李元礼的门人将孔融的过人智慧，绘声绘色地告诉了陈炜。陈炜一向老成持重，听后以略带轻视的口吻说："小时候聪慧的人，长大以后未必如此。"

　　孔融立刻反唇相讥道："想来太中大夫小时候一定是十分聪慧的啦！"

　　听完孔融的话，陈炜顿时唇紫髭翘，无语凝噎。但从此之后，他心中充满了对孔融的厌恶感。他认定,一个总爱逞口舌之快的人,将来的命运一定不会好。

果然,等到孔融在曹操麾下效力时,终于因为口舌之快,让自己丧了命。许昌时代,孔融总是在曹操下决定时,立于一旁冷嘲热讽一番,机智的口才让曹操无可奈何。甚至,孔融干涉曹操父子的私生活,给曹操写了一封信,讽刺其子曹丕纳袁绍的儿媳为妾。

多年来,曹操对孔融一直憋着气,最后,他借着孔融谋反的名义,将其痛快地处死。

军事与谋略见长的孔融,在不与当权者合作的同时,又喜欢坐在一旁议论时政,自然不为曹操所容。正是他总爱逞口舌之快,总爱和曹操争论的缘故,自己才走上了一条不归路。

即使到了现代,这样的人也不在少数:头脑灵活、善于争辩、口才出众,遇到别人与自己的意见不统一时,就要发挥自身特长,把对方卷入争辩中,不把对方辩得脸红脖子粗、哑口无言绝不善罢甘休。

久而久之,这样的人也形成了一种习惯:无论在什么情况下,一到要用到嘴巴,他绝对不会吃亏。因为长期的磨炼,他早已练就了抓别人语言漏洞的"好"本事,一旦进入"战场",就会让人无力招架;即使没道理,可他却有颠倒黑白的本事,把理争到他那方去,叫你对他干着急没办法。

这份能力,如果能在辩论会、谈判桌上发挥,这种人或许是个人才,但是在日常生活中,这种人往往会遭到他人冷落,因为他们没有意识到,实际生活中,并不是辩论赛场,也不是谈判桌,与你打交道的,并非想与你在口才上一较高下的辩论者,也不是与你争夺利益的人。可这时,你一定要把对方"赶尽杀绝",让他颜面扫地,这么做如同在自己身上绑了一枚炸弹,不定在什么时候就会引燃导火索,炸得你粉身碎骨。这个炸弹,就是别人对你的议论、上级对你的不满。

方法三 / 对手面前,不妨装装糊涂

面对他人的错误或挑衅,心高气傲的我们,有时不免气不打一处来,想要教训他一番,以此发泄心中的怒火。就感情而言,有些人的确很令人讨厌,但这并不等于非和他闹别扭、非要和他斗气不可,更不应该置之死地而后快。

面对这样的对手,我们不妨"拿块布蒙上双眼装糊涂",不和他起正面冲突。这样做,并不是懦弱和降低人格,而恰恰是你具有高尚品德的明证。相反,要是人家一有缺点和不足,就把人家往绝路上推,这不但暴露了自己人格的低下,而且显得心胸也太过狭窄了。在别人对自己无礼的时候,我们要学会把自己的愤怒的情绪隐藏起来,用一种平静的心态感化他们。

一天,某个寺庙中的两个师徒一起出游,来到一个地方感觉腹中饥饿,师傅就对徒弟说:"前面一家饭馆,你去讨点儿饭来。"徒弟领命,只身来到餐馆,说明了来意。那饭馆的主人说:"要饭吃可以啊,不过我有个要求。"徒弟问道:"什么要求?"主人回答:"我写一字,你若认识,我就请你们师徒吃饭,若不认识,乱棍打出。"

听到主人这么说,徒弟微微一笑:"主人家,恕我不才,可我也跟师傅多年,莫说一字,就是一篇文章又有何难?"主人冷笑了一声,说:"先别夸口,认完再说。"说罢拿笔写了一"真"字。

看完这个字,徒弟哈哈大笑:"主人家,你也太欺我无能了。我以为是什么难认之字,此字我五岁就识。"主人微笑问:"此为何字?"徒弟回答说:"不就是认真的'真'字吗。"店主冷笑一声:"哼,无知之徒竟敢冒充大师门生。来人,乱棍打出。"

带着一肚子抱怨,徒弟回来见了师父,讲了经过后,说:"这人蛮不讲理,好歹我跟师傅练过这么多年拳法,等下我就把他们的店拆了!"

师傅听罢,说:"不必这么急躁,为师亲自去一趟。"说完来到店前,说明来意。那店主一样写下"真"字。大师答曰:"此字念'直八'。"那店主笑道:"果是大师来到,请!"就这样师徒二人吃完喝完没付一分钱便离开了饭馆。

离去后,徒弟非常不解,问道:"师傅,你不是教我们那字念'真'吗?什么时候变'直八'了?"大师微微一笑:"有时候,有的事情的确认不得'真'啊!你看,我们装装糊涂,事情不就这么过去了吗?"

如果师傅同意徒弟的请求,让他与餐馆"龙虎斗",那么势必会造成两败俱伤的局面。但是师傅选择了"装糊涂",选择了宽容,这就让事情顺利得到解决。所以,蒙上自己报复的双眼,宽容他人的无礼,不与对方斗气,总有一天他们会对自己的"无礼之举"无地自容,进而以有礼的态度来面对你的。

古人说"有容德乃大",又说"唯宽可以容人,唯厚可能载物"。从社会生活实践来看,宽容大度确实是人在实际生活中不可缺少的素质。做人要胸襟宽广,要有宽容平和之心,这不仅是一种魅力,更是社会成功的一种要素。尤其是对于一个成年人,阅历渐广,涵养渐深,对气愤之事应看得淡些,尽可能不动怒,这对身心健康有很大的帮助。

方法四 / 主动承认自己的不足

"告诉你,我这次是失误,下次一定比你强!"

"别说大话了,我比你厉害多了!给你一百次机会也是输!"

这种充满了火药味的对话,每个人都不会陌生。生活中的我们,为什么总要和别人争吵?很重要的一个原因,就是"自负"在作祟。自己觉得什么都好,自己觉得能力比对方强,这种自负,让自己不免愤怒起来,肾上腺素自然升高,冲突不可避免。

其实我们也知道,和别人争吵,到头来伤害的还是自己。毕竟,争吵不能解决问题,你和对手依旧活在自己的情绪中,看不清真实的生活。回到家里,也许还带着气愤,忍不住再抱怨一番,和父母、爱人又出现矛盾,这种生活有几个人向往呢?

所以,想要避免无谓的争吵,有时候,不要总在乎面子,敢于承认技不如人,那么你们之间的恩怨,就会"一笑泯恩仇"。

郑林科是一个作家,平常总喜欢带着只有5岁的儿子散步。有一天,他和儿子走过附近一个卖油面的小摊子,看到这里生意极好,所有的椅子都坐满了人,不由停下了脚步。

吸引郑林科的,不是那么多的人,而是店主炸油面的技巧。只见卖面的小贩把油面放进烫面用的竹捞子里,一把塞一个,仅在刹那之间就塞了十几把,然后他把叠成长串的竹捞子放进锅里烫。

更令郑林科惊奇的还在后面:就在油面正炸制时,店主以迅雷不及掩耳的速度,将十几个碗一字排开,放佐料、盐、味精等,随后他捞面、加汤,做好十几碗面前后竟没有用到5分钟,而且还边煮边与顾客聊着天。

店主的一系列动作,让郑林科和儿子看呆了。儿子抬起头,说:"爸爸,你不是很厉害吗?你能不能比过他?"儿子的话,让店主听见了。店主看了眼郑林科,露出一股不屑,仿佛在说:"怎么?想比比?"

店主挑衅的眼光,自然被郑林科看见了。不过,郑林科莞尔一笑,并且对儿子说:"爸爸可比不上人家。我要是比,不只会输,而且会输得很惨。其实,我在这世界上是会输给很多人的。"

后来，父子俩又来到了豆浆店。豆浆店的厨师熟练地揉面粉做油条，顷刻油条在锅中胀大，充满了神奇的美感，又让儿子惊讶了。其实，郑林科在出名之前就做过炸油条工人，技术远在这名厨师之上，不过面对儿子的怂恿，他依旧笑了笑，说："儿子，这些爸爸当然比不过他们了，人家是专业的！"

其实，不愿意去比，这并不是郑林科的懦弱。郑林科明白，即使自己真的赢了，那又能怎么样？难道因为赢了，以后就以炸油条为生么？更何况，为了自己无意义的比赛，和对方产生摩擦，两个人大庭广众之下争吵，这可不是什么好事情！

一句简单的认输，避免了之后有可能出现的矛盾，郑林科的做法可谓非常聪明。其实，世界上所有的争吵，不都是以双方不服输引起的吗？一味竞争，只有竞争，正是因为这种不理智的心态，才让自己总和别人打嘴仗，才让自己被愤怒的火焰包围，无法回到那片宁静的大海。

能力过人尚且认输，技不如人，就更要懂得退一步的道理。当我们放眼这个世界的时候，如果以自我为中心，很可能会以为自己了不起。可一旦我们让心境平稳下来，就会发现我们是多么渺小。我们什么时候都能看清自己不如人的地方，那就是对生命有真正信心的时候，更是平常心开花结果之时。

方法五 / 即使高人一等，也不可盛气凌人

人生的岁月长河中，我们总会遇到各种不顺心的事情，即使高人一等，烦恼也不会因此"屈服"。看到烦恼，身为领导的你不由失去了理智，失去自我控制的能力，对着下属大发雷霆。

也许你觉得，自己已经是领导，难道没有对下属发火的权利吗？的确，

高高在上的你，自然不必顾忌下属的想法，毕竟你们之间确实存在"不公平"。不过，你明白，虽然批评下属没有错，可是如果不注意控制情绪，那么就会让自己的心态紊乱，使事情陷于更不利的境地。有一个著名的将军，就是因为在关键时刻没有克制住自己的情绪，导致了自己遭遇到人生最大的"滑铁卢"：

提到第二次世界大战，就不得不说起巴顿将军。有一年，巴顿在行车途中，发现了通往第九十三军后方医院的路标，于是马上赶了过去，赞扬士兵们的勇敢精神。不过，就在巴顿探视病房时，他看见一个没有任何伤口的士兵也住在医院里，表情马上变得很难看。

其实，这个士兵患上了一种精神疾病，因此身上并没有伤，这本是正常事。但是，巴顿此时心情不好，所以他就成了出气筒。那个士兵见巴顿怒气冲冲的样子，哆哆嗦嗦地回答："医生让我住在这，因为我的神经有点毛病。"说着开始哭泣起来。

不过，巴顿并没有理会这些，大声叫骂："你是个胆小鬼，狗娘养的。你神经有毛病还当什么士兵？回家去得了。"士兵越发害怕起来，只是一个劲儿地道歉。但巴顿还是不肯善罢甘休，给了这个士兵几耳光，继续吼道："你是集团军的耻辱，你要马上回去参加战斗，不应该躺在这里。"说着，他拔出手枪，在这个士兵的眼前晃动，这个士兵吓得双脚发抖……

离开医院后，巴顿的内心感到不安，觉得自己可能是有些太过火了。但因为战事紧张，这件事很快被他抛到九霄云外去了。可是，事情的发展完全出乎他的意料。巴顿打人的消息很快传开了，新闻媒体也开始报道此事。

当总统罗斯福得知此事后，以个人名义给巴顿写了封信，批评了巴顿的龌龊行为，并责令巴顿：必须向被打者道歉，而且还要向整个第七集团军，一个部队挨一个部队地道歉，再向当时所有在场的医护人员和伤员道歉。

不得已，巴顿只得执行了总统的命令。尽管如此，还是有人不肯原谅巴顿，要求把巴顿送上军事法庭进行审判，或取消他继续参战的资格。这件事对巴顿产生了很大的影响，未能出任集团军司令。

诚然，身为领导阶层的你，批评下属本没有错，因为批评是管理中不可缺少的。但是，因为批评而怒发冲冠，这却是断然不可取的。领导者正确分清二者间界限，既是坚定自信心与决心的体现，也是增强一公司、一个企业凝聚力所必需的。盛怒之下发脾气不但降低了领导者的身份，也会使公司气氛僵持，士气低落，绝对于事无补。伤害了他人的感情，必定会众叛亲离。

喜欢发脾气的人远比无能的人更容易遭致失败，因此，我们要随时提醒自己不要轻易生气。作为一个成年人，尤其是一位领导，就应该有容人的气度，而不是和怨妇一般肆意地发泄着自己的情绪。即使是真的爆发出来了，也要审时度势，见好就收，别把场面搞得一发不可收拾。

方法六 / 自己占理的时候也要沉住气

斗争的艺术，就是做人的艺术。在很多人眼中，这句话成了为人处世的座右铭，尤其当真理掌握在自己手中时，自己会更加情绪激扬，声调、音量顿时提高许多，一开口仿佛能把对方"吞入肚子"一般。在这种人的眼里，自己如此表现，能够展现出过人的口才，更能体会到那种"胜利感"。

有理便要"大嗓门"，表面上看，这好像是一种自信，然而，它却是我们心态失衡的表现。因为当我们不由自主地提高音量时，情绪必然会出现波动，这不仅会令自己陷入愤怒，还会让别人感到反感。所以，即使在自己占理的时候，也需要沉住气，不要大呼小叫地面对"犯错者"，那样只会让事情变得更加糟糕。

胡佛是个飞行员,他的胆识过人,技术一流,在美国的飞行员中属于佼佼者。

有一次,胡佛参加一场飞行表演,结果飞机在返回的途中发生了意外——在飞机降落到距离地面300米高空的时候,胡佛发现飞机的发动机突然熄火了。

看到这样的情形,胡佛自然非常紧张,因为这几乎意味着机毁人亡。当时胡佛的飞机里还有另外两个人,也就是说,三条人命已经危在旦夕了。不过值得庆幸的是,胡佛依靠高超的技艺和过人的胆识,仍然把飞机降落在机场,人员也安然无恙,只是受点剐伤。

走下飞机,胡佛立即对飞机作了检查,结果发现是因为机械师把燃料加错了。

胡佛下了飞机第一件事,就说要见一下那位帮他维修飞机的机械师,人们都以为他要狠狠地痛骂那位粗心大意的机械师一顿,因为这么大的失误,不仅让这架造价昂贵的飞机基本上报废,而且差点还让胡佛一行三人一命呜呼。

可是,出人意料的是,胡佛见了那位年轻的机械师以后,他走过去揽住机械师的肩膀说:"为了相信你不再出现这样的情况,明天要起飞的F-16还要你来维修。"

机械师还沉浸在紧张、沮丧、痛悔的情绪中,听到了这番话以后,简直不相信自己的耳朵,直到胡佛离开以后他还没醒过神来。当然,这件事情给了这个机械师一次终生难忘的教训。而胡佛在年轻机械师犯了这么大错误的时候,只是简单寥寥几句含蓄的批评就又重新给机械师机会,机械师又怎么会不感恩戴德呢?下一次检修的时候他一定会万分小心的。

胡佛的做法,肯定让机械师终生难忘,认定胡佛是个值得尊敬的人。所以,面对他人的失误,我们一定要懂得:只要是人,都可能出现错误,知错能改自然是最好了。拒绝得理不饶人,选择更加委婉的表达,这会让你的心态平和,更会让对方体会到你的大度。

所以，恰到好处地运用批评，不但能够让犯错的人心悦诚服认识错误，而且能体现个人的境界。相反，暴风骤雨般的训责可能会激起别人的反抗，绵里藏针的嘲讽会伤害别人的自尊，就算他们认识到了错误，也很难起到改正错误的作用。我们不要以为那些"犯错的人"在你面前申辩就是狂妄、目中无人的表现。应抛弃自己的成见，耐心倾听他的解释，再作客观的评价。适当的时候不妨把自己置身对方的角色中去，并思考如果我置身于他的环境，会不会也出现这样的错误。

第四章
忘记过去调节好心情的五个方法

方法一 / 收起过去的痛苦这把利刃

记忆总有美好的,同样,记忆也有让我们不堪回首的一幕。正是这份刻骨铭心的痛苦,让有的人永远活在过去,无论遇到什么事情都会感到紧张。久而久之,这样的人精神状态越来越差,就如惊弓之鸟一般,每天都是活在惊恐之中。无论别人有多少欢乐,这些仿佛都与他无关。他的生活,就是一个封闭的笼子,每天眼前出现的,只有过去的那些痛苦。

这样的人,怎么可能得到心灵的满足和幸福?所以,有的时候念念不忘并不是什么好事,它只会加速你的情绪失控,让你在过去的暗影中无法自拔。不过,这样的人一定也非常渴望快乐、渴望幸福,那么他就应该做出积极行动改变自己。

想要做到这一点,方法很简单:抹掉过去留下的阴影。不刻意回忆过去,多鼓励自己向前看,很快你就会得到康复。

杰尔德太太有几年非常痛苦,甚至有了自杀的念头。这是因为,她感到自己的生活太不幸了。1937年,杰尔德的丈夫不幸去世,那个时候的她非常颓废。当安葬完丈夫后,她写信给过去的老板里奥罗西先生,请求他让自己回去做过去的工作。

杰尔德太太的请求,得到了老板的同意。于是,杰尔德太太回到了卖书的工作。她以为,重新工作可以帮助自己从颓丧中解脱,可是,总是一个人驾车、一个人吃饭的生活几乎使她无法忍受。每天,她都会想起自己的丈夫,不由泪流满面。加上有些地方根本就推销不出去书,她的工作也很不顺心,这让她更加怀念丈夫。

杰尔德太太说:"那几年,我每天晚上都会想起丈夫去世时的模样,这让我的心里好痛,感觉干什么都没有意义。"1938年春,她来到密苏里州维沙里市推销书。那里的学校很穷,路又很不好走。她一个人又孤独又沮丧,以至于有一次甚至想自杀。

这一切,都让杰尔德太太感到未来已经没什么希望,生活也毫无乐趣。她什么都怕:怕付不出分期付款的车钱,怕付不起房租,怕身体搞垮没钱看病。

后来,杰尔德太太看了一篇文章,其中的一句话让她震动颇大:"对于一个聪明人来说,每一天都是一个新的生命。"杰尔德太太用打字机把这句话打下来,贴在汽车的挡风玻璃窗上。

渐渐地,杰尔德太太感到,其实每一天的生活并非那么艰难,只要学会忘记过去,那么自己就会轻松得多。每天清晨她都对自己说,"今天又是一个新的生命。"

一年后,杰尔德太太已经彻底健康。她说:"我现在知道,不论在生活中会遇上什么问题,我都不会再害怕了;我现在知道,我不必活在过去!"

昨天的负担永远堆在心头,它必将成为今天的障碍,明天的毒瘤。总盯着昨天,也许你会得到一个"不忘本、忠诚"的美名,可是那份痛彻心扉的煎熬,却是只有你一个人去体会的。一个美名,一个快乐的人生,孰轻孰重,相信只要是一个正常人,就会做出准确的判断。

所以,面对过去的伤痛,我们应当做的事情是学会忘记,而不是在嘴里、在心中念念不忘。即使你每天祈祷一百遍,你也不可能回到事故发生之前,做出避免的措施。因为,我们必须养成一个良好的习惯,生活在完全独立的今天里。生命正以令人难以置信的速度飞快地溜走,今天才是最值得我们珍视的唯一的时间。过去的阴影,就让它如风一般消散吧!

方法二 / 不要过度怀旧

不知从何时起,"怀旧"这个词开始大肆流行,越来越多的人,在追忆当年的美好。适当地回忆过去,这能够调节生活状态、珍惜眼前,但是,如果超过了这个度,那么就有些本末倒置了。

然而,现在越来越多的人似乎迷上了怀旧,并且远远超越了"怀念"这个程度。对于上了年纪的老人来说,这么做尚且有情可原;然而,如果一个青年或中年人如此,那么就有可能让自己变得骄傲而疯狂。

毕竟,过去总会有人留恋的地方。久而久之,怀旧的他,会以为自己仍然在过去,让自己变得呆滞而麻木,甚至主动拒绝现实中的生活。每一个人的一生,都有着许多美好的回忆,这些都是我们怀旧的对象。但是,这些东西也很容易让人依赖,产生迷恋,甚至会让自己无法自拔,变得疯狂、忧郁、苦不堪言或者妙不可言。正如黄卫青那样,如此发展,只能让自己的心智大乱,甚至神经系统也出现问题。

生命和生活都不会停留在过去里面绽放光芒,正如伟大的诗人泰戈尔所说:"如果你因错过太阳而流泪,那么你也将错过群星。"短短的一句话,就道出了一个至简至真的生活态度:不要活在过去里,美丽属于当下,未来属于当下,快乐属于当下。

方法三 / 不要为过去的失误而驻足

一个值得信赖的人,自然是一个有责任心的人,不会因为失误而"逃单",更不会将责任推到别人身上。这样的人,心理素质也是一流,因为他们懂得如何调剂心理,如何面对问题。

然而,倘若一个人的责任心过强怎么办?毫无疑问,那只会造成自己内心的苦楚。例如,一件事情做错了,所有人都原谅了他,可是他却永远记得自己的失误,再也不敢面对这件事,最后连挑战的胆识也丧失了。我们不能否定他敢于承担错误的行为,可是如果永远活在这个错误里,那么久而久之,这个人的锐气、才气也会因此打磨干净,终日生活在惊慌之中,没了前进的勇气。

曾经的姜书宁,是某市的著名"才子",早在小学时,就凭借着过人的智慧,获得了全国计算机编程大赛冠军、华罗庚奥数竞赛冠军,然而十年之后,他却在一家小型工厂做临时工。为什么会如此?这源于高考时的一次失利。

2004年,姜书宁第一次参加高考。之前,他的三次摸底考试均列全市前三,学校里一致认为他能考得北大、清华,因此也寄予了他很大希望。而姜书宁本人也是信心十足,认为一定能取得佳绩。谁知就在第一门语文考试时,因为他在作文上耽误的时间较多,结果试卷没有做完就被收走了。这一下子,他的心智大乱,接下来的几门,都因为过于烦躁而不是特别理想。

高考一结束,姜书宁就知道今年失利了。想着这次失败,他的心里非常难受,每天都在网吧里混日子。后来成绩公布,虽然比预期要差些,但仍轻松超过二本线。可是,姜书宁没有选择上大学,而是决定重新复读。

很快,第二年高考又到了,不过当他再次遇到语文考试时,心态又一次出现波动,去年的那一幕又在眼前浮现。他害怕失败,可是又控制不住地联想失败,结果可想而知。这一年,他的成绩大退步,只考了400分。第三年、第四年,当曾经的同学已经陆续毕业,他却依然在高考中苦苦挣扎。

第五年高考后,姜书宁再也扛不住压力了,最后选择了一个技校上学。当年那个风光一时的高才生,却因为一次失误,消失在了人们的视线之中。

姜书宁的失败,就在于他将当年的一次失误看得太重,以至于未来也不能放松心态。其实,人的一辈子谁没有碰到过挫折呢?在挫折中成长,不要因为以前的种种而对自己没有信心,过去的只能是过去了,再回头也不是原来的。事情发生了,你就要学会思考,为什么会发生这些事情,以后就努力改善自己,努力向前看,这样才能下次打个漂亮的"翻身仗"。

更重要的是,别在意曾经的失败,是为了给自己一个快乐的情绪。人活在这个世界上,无非是为了使自己更加幸福而已。忘记曾经的失败,认真地过好每一天,从每一件小事情去寻求小快乐,生活一定会更加充实。而那些过去失去的快乐,迟早还是会回到你的身边。

方法四／走出过去,回到现实中来

没有一个人喜欢烦恼,然而很多人都会感到:为什么生活中到处都是烦恼,到处没有快乐的踪影呢?

其实,这些人不知道,纠缠我们的烦恼,正来源于过去的回忆。很多烦恼,往往是我们为过去的事情而产生的情绪变化。其实过去的已经过去了,何必要拿来折磨自己。令你生气的人已经走得老远了,你还为他生气,那么受伤害的,不还是自己吗?

尽管道理很简单,可是,能够完全摒弃回忆的人却少之又少。现实中有不少人烦恼到要自寻短见才善罢甘休:

有一天,张船夫正在河上摆渡,突然,他远远看到一个女人站在河边。划近后他才发现,那是一个少妇,正准备投河自尽。

看到有人要自杀,张船夫自然不能不管,于是一边大喊着,一边用力划着船。还好,他来得很及时,将少妇从水里捞了上来。

等到少妇的情绪逐渐平稳后,张船夫不解地问:"这位娘子,有什么想不开,非要寻短见呢?你年纪尚轻,正值美好年华,按说你现在应该和丈夫、孩子活得很快乐啊!"

听到张船夫的话,少妇忍不住哭了起来。过了好久,她才说:"船夫,要真的是你说的那样,我何尝会自杀啊?我的婚姻才持续了两年,丈夫就和我离婚了,接着孩子又得了重病死了。您说我活着还有什么意义呢?所以,我想离开这个世界。"

张船夫听完她的话,想了一会儿说:"这位娘子,那如果是两年前,你是怎样生活的?"

少妇说:"两年前我还没嫁人,那个时候我很自由,每天都是无忧无虑的。"

张船夫大笑了起来,说:"这么看来,你现在已经回到了两年前了!既然如此,你又何必要拿已经过去的事情来烦恼自己,过去的就让它过去吧。"

少妇犹豫了一下,说:"可是……"

"没什么可是的,"张船夫打断了她,"你应该这么想,你不过是被命运之船送回到两年前去。而现在,你又自由自在了。所以,你只要丢掉不必要的已经过去的烦恼,生命就变得美好了。"

张船夫的话,令少妇茅塞顿开。她一再拜谢张船夫,然后带着轻松的心态回家了。

现实生活中，那些总感到烦恼的人，其实和这个少妇并无二异，都是经历过人生的波折。人的一生，总免不了磕磕碰碰，遇到不快而生气，或遇到天灾人祸而痛不欲生等。短时间的情绪失控，这本身不是问题，毕竟适当地发泄，更有利于身心，但是如果长期陷入这种状态，那么你将每天陷于悲伤，正如那个少妇自杀前的状态。所以，想要摆脱烦恼，那么就一定要忘记曾经的不高兴，想着下一刻即将到来的欢乐，这样你的心态就会平稳许多。

无论过去的经历有多么令人不堪回首，无论现在的自己被过去搞得有多头晕，我们也不要再给自己灌输什么大道理了。因为，那些道理只是笑话而已！能让自己开心，活出自己，这才是我们生存的价值、生活的本质！所以，请别活在过去里！

方法五 / 学会感受新的生活

我们知道，一味地活在回忆中，这对自己并不是什么好事情。所以，我们总在对自己说："我要扔掉那些回忆，我要扔掉那些回忆……"

然而事实上呢？其实，那些越说忘了回忆的人，却恰恰还是活在回忆中。说到底，强调走出回忆，这不过就是一种欺骗，欺骗自己的内心。因为，只要有一点点可以联系到过去的事的东西，你就不可能忘记过去的。

想要走出回忆，这并不是件容易的事情。不过，我们也不能因此而逃避或者后悔，因为生活还要继续。最好的办法，就是投入全新的生活，让时间为自己疗伤，摆脱过去的纠缠。

刘星失恋了，一个人很痛苦，每天都看不见她高兴的模样。朋友也是很着急，经常找她出来一起玩，希望能帮助她走出这份痛苦的回忆。甚至还有朋友给她介绍了新男友，不过她还是拒绝了，总说等一段时间再看。

第一篇　如何调节好心情

朋友们知道，刘星还是没忘记过去，于是对她说："刘星，别想以前那个男人了，这世界大得很，比他优秀的人多着是，何苦为他生气！"

谁知，刘星睁大了眼睛，说："你说什么呢？我早就忘记他了，你看，我现在没一点事情！"说完，勉强露出了笑容。然而朋友们知道，其实这是刘星在安慰自己、安慰大家，因为她的笑容，没了当年的那种洒脱。

后来，几个朋友坐在一起商量，决定帮刘星走出回忆。一个朋友说："咱们就先给她找个男朋友吧，最好是她不认识的。当然，咱们可以说这是新朋友，然后一点点给他们制造机会。有了新生活，她就会一点点忘记过去的！"

这个建议，得到了朋友们的一致认同。于是，他们在一次聚会上找来了一个男孩，并热情地把他介绍给了刘星。一开始，两个人还比较沉默，不过随着渐渐熟悉，加上朋友们的撮合，两个人交流也热烈了起来，甚至还互留了电话。

看到这个样子，朋友们自然也是非常高兴，于是经常举办这种活动。果然过了三个月，这两个人成了情侣，甜蜜地让大家都有些嫉妒。有一次，一个朋友小心地问刘星："你前男友怎么样了？"

刘星说："我怎么知道他怎么样？管他呢，我还有我的生活呢！"说完，大家一起全笑了。因为他们看到，当年那个活泼的刘星终于回到了眼前。

刻意去说"走出回忆"，这绝不是摆脱回忆的好方法。因为那样，只能强化自己对过去的思考。所以，我们尽量不要刻意地去忘记，而是让一切都趋于平淡，该做什么做什么，别让自己常常独处苦思，随着时间的推移，你将会投入新生活之中，过去的回忆在自然而然中就得到了淡化。

想要开始新生活，摆脱回忆对自己的影响，那么最好的办法就是尽量扩大自己的交友圈，与尽量多的人接触，尽量发现自己的爱好，做一些自己喜欢的事情，起到移情的作用。相信未来的某一天，你会发现再想起那些回忆，你的心已不再疼痛，因为在你的眼中，那些回忆已经成了别人的事情。

第五章
安慰自己调节好心情的四个方法

方法一 / 对生活中的小失误,学会原谅自己

遇到小事,我们是应该纠结不放,还是应该大度地忘记?很显然,我们的选择自然是后者。

然而在现实生活中,我们真的能做到吗?我们总能看到这样的场景:盘子碎了,自己一遍遍念叨"我怎么那么笨!";工作失误,我们对着镜子说些"自己真是个废物!"的话;自行车丢了,我们难过得几天不吃饭,总强调"自己忘了上锁,这一切都怪自己!"……甚至,我们会因为指甲没剪好,就对自己大发雷霆。

可是,尽管在自我批评,我们却并没有感到如释重负,反而会更加指责自己。这样的结局,一定不是你想要的。所以,对于小差错,我们不必指责自己,而是应该向自己道歉,迅速调整那份有些失控的心态。

一天,斯蒂芬找了一家垃圾搬运服务公司,委托他们在今后帮助自己倒垃圾。双方谈得很顺利,最后在愉快的气氛中签约。不过,该公司也提出了一个要求,那就是消费者将自己的地址记在垃圾箱上。

斯蒂芬认为,这是件很容易的事情,于是他买了一罐喷雾油漆,在一个棕色橡胶箱上,喷上了自己的名字。然后,他把垃圾箱放在自己汽车的后面,开到路的尽头,把垃圾箱放在适当的地方。

第一篇　如何调节好心情

当这一切结束后,斯蒂芬开车回到了家里。正在停车时,突然发现,一些白油漆涂在了坐椅的后面。斯蒂芬有些不高兴,于是努力想去掉这些油漆,但这时它已牢牢地粘上了,无论如何使劲也无法将它们擦除。

接下来的几天,斯蒂芬总会注意到这一片油漆,心里非常别扭,总抱怨当时为什么那么笨。每当这个时候,他的脑海里还会出现这样的声音:"为什么你当时没有注意到这个错误,要是早点擦除的话,现在什么事情都没有。可是,因为你的不小心,你毁了汽车座位,这一切只能由你自己承担!"

这件事,困扰了斯蒂芬很多天。每天,他都会将自己臭骂一顿。后来有一天,他陪一位朋友到当地的五金商店去买一些涂料。在一个架子上他发现了一个写着"消除错误"的小罐子——一种可去掉油漆和其他难去除的染污的去除剂。

这种涂料,让斯蒂芬兴奋异常,于是急忙买了一罐。回到家后,他赶紧按照说明,清洗着那些困扰他的污痕。令他高兴的是,污痕立刻就不见了。

看着崭新的汽车,斯蒂芬突然意识到:其实那件事根本没有想象中的严重,任何罪过都是可宽恕的,任何过失都不应该总是耿耿于怀。否则,自己永远都会怪罪自己,永远不知道什么是快乐!

每个人都会出现小闪失,这一点连比尔·盖茨也不可例外。尽管,这些小闪失会造成一定影响,然而,它并不是罪过,并不需要对自己那么刻薄。对于生活中的小失误,我们应该学着原谅自己,下回注意即可。就如莎士比亚所说:"过去的就让它过去吧!"豁达些吧,不要把自己的失误一直放在心上。

生活如一条河流,每一个飞溅起的浪花,就是生活中的小事情。无论浪花激起得有多高,最终它还是将回到河流,不留下一点痕迹。因此,对于生活中的小事,我们不必总是斤斤计较,从而影响自己的心情。所以,向自己说声对不起吧,让因为小事而责怪自己的行为彻底成为历史!

方法二 / 对待自己仁慈一点

生活中,我们经常要与外人交流。为了展现出自己的形象,我们总是那么亲切、那么有爱心,即使看到对方失误,也会抱着宽容的心态一笑而过。可是如果我们自己犯了错,却会在心里一遍遍自责:"为什么我会那么笨?当时要是细心一点就好了。"或是"我真该死,这样的错怎能让它发生?"

为什么,我们总会对别人表现出宽容,却不懂得仁慈地对待自己?犯错是每个人的必然,是每个人的权利,除了上帝之外,谁能无过?所以,犯了错,不代表自己就该承受如下地狱般的折磨。否则,我们只能在失落的情绪中越陷越深,将生活搅得一团糟。我们唯一能做的,就是正视这种错误的存在,在错误中学习,以确保未来不会发生同样的憾事。从而继续前进。

郑军和徐渭是一对好朋友,更是工作上的好伙伴。一天,两个人一起制作某歌手的MV,郑军负责整理素材,而徐渭进行剪辑。

一开始,两个人配合得非常默契,很快任务完成了一半。这时,郑军起身倒水,不小心将电源插座踢开了。顿时,两个人的电脑黑了下来。这意味着,之前的工作全部白费,必须从头再来。

看到惊愕的徐渭,郑军立刻乱了手脚,紧张地说:"我……我不是故意的……"

徐渭看见郑军的脸色很差,急忙说:"没事的,咱们再来一遍就好了。毕竟已经做过了一遍,很快就会再赶回来的。别担心了,这种事情很正常的,谁没遇到过意外啊!"

不过,徐渭的安慰,并没有让郑军平静下来,嘴里不断地念叨着:"都怪我不好……都怪我不好……"见他如此,徐渭赶紧让他去另外一个屋子休息。

第一篇　如何调节好心情

整整一天,郑军都不能原谅自己,甚至还狠狠抽了自己一个巴掌。他明白,自己的失误使进度慢了许多,按时完成工作已经很难。就这样,他一天都处在唉声叹气之中。

到了下午,郑军的情绪终于有了些许平静,这时他走进工作间,却发现工作已经被徐渭几乎做完。徐渭看着他,擦了擦头上的汗,开玩笑地说:"哥们儿,你情绪好点了吧?我真怕你为此自杀呢!"

看着徐渭快乐的表情,郑军突然感到:"我的失误,造成了工作拖延,可是。徐渭没有怪我还安慰我,而我却责备自己,导致了进度更加缓慢,哎,我这是何苦呢!"想到这里,郑军终于开朗起来,和徐渭一起用了不到半个小时的时间,将剩下的工作全部完成。

人的一生中,势必会遇到各种各样的麻烦,其中有一些的确是自己造成的。可是,如果我们对每一件都深深地自责,一辈子都背着一大袋的罪恶感过活,你还能奢望自己快乐吗?

人生的路途中,总有顺风之时,亦有逆风之时。不过无论怎样,我们都必须前进。而宽容自己的失误,才能把犯错与自责的逆风,化为成功的推力。要明白,没有人能够十全十美,接受自己的优点,也接受自己的缺点,这才能保持心态上的平衡。

还有的人,看到自己的性格有些缺点,就认为自己是邪恶的,难成大器的,因此一蹶不振。其实,我们应当懂得,少许的性格缺点并不能说明我们就是不受欢迎的人,更不是我们痛苦的理由。只有学会适当地宽容自己,我们才能保持内心的平静。

在现实生活中,人会有各种各样的心境、冲动、品性、情感,我们应该为之高兴才是。史蒂文森曾经说过:"世界是如此的丰富多彩,我们就像国王般幸福快乐。"这句话虽然带着孩子般的天真烂漫,但如果采取前述的态度理解这句话,我们便可以充分领会到这句话的深刻内涵。

方法三 / 向自己说声"对不起"

如今,自怜的人越来越多,他们却不懂得,这其实是把自己逼到了一个死角。的确,对于某些事情,我们确实值得同情,例如得了不治之症,失去了所爱的人,失去了工作等。但是,如果我们总是一而再,再而三地扮演受害者,那么这就非常不提倡。因为时间一长,你将会陷于幻想之中,总认为自己是那么可怜。

还有一种人,因为总是怀着自怜的心态,久而久之,竟将自己的困境归咎于社会、父母等其他人。怀有自怜心态的人最显著的特点是:总是谈自己碰到的问题,或一直想自己的困扰,时时想赢得别人的同情,并且逃避自己应承担的责任。"没有人比我的命更苦了",这是自怜一族的口头禅。

其实这些人也明白,自怜的时候,自己的心里也不好受,这其实是一种病态,更是对自己的不尊重。你是个健康的个体,为何总是做出一副受伤的姿势?所以,自怜的人,应当对自己说声对不起,重新拥抱美好的生活。

黄文芳结婚不久,却总与丈夫出现矛盾,因此心里很难受。很多次,她在朋友面前提及自杀的念头。当然,朋友也会百般劝慰,不过效果却总是不大。

有一天,黄文芳一个人逛街,突然碰到了一个朋友。朋友见她神情恍惚,一问才知道她又与丈夫吵了一架。看着朋友,黄文芳说:"生活真没意思,人干吗要活着?!"

朋友原以为,黄文芳还会抱怨一番。谁知,她却说:"再见了!"

看着她步履蹒跚的背影,朋友意识到:要出大事了!于是,他急忙追了上去:"你是打算自杀吧?如你真想自杀的话,我完全理解你。"

第一篇　如何调节好心情

黄文芳看着他没有说话。朋友继续说："不过,我有一个请求,相信你会答应。"

"什么请求？你说吧。"

"我希望你能答应我,一个月以后再自杀。"

黄文芳一愣,说："怎么那么久？你以为这样就能打消我自杀的念头？这是没用的！"

"不,"朋友摇了摇头,说,"这一个月我要替你准备身后事。你既然想死,如果能留点财富给孩子,不是很好吗？我现在就给你找买家,也算是你为孩子做点事情。"

黄文芳不解地问："'买家'？我没有什么要卖啊！"

"怎么会没有？"朋友说,"你的眼角膜、皮肤、心脏,全都可以卖给有需要的人！这些对他们来说,都是无价之宝！这些东西卖掉后,钱可以留给孩子,这样你也放心了。"

黄文芳一愣,终于醒悟了：我有这么宝贵的身体,为何不好好珍惜呢？接着,她向朋友鞠了个躬,说："真对不起。这个对不起,也是对我自己说的。我这才明白,过去的行为,不仅伤害的是你们,更是我自己！"

过分自怜,这就是对自己最大的伤害,对自己最大的不尊重。所以,我们必须学会向自己道歉,并且摆脱自怜。要想彻底地摆脱自怜的念头,只有依靠行动,尽可能把自己培养成一个没有缺陷的人。因为每次我们把自己看得不值一文时,都强化了一种观念,认为自己十分可怜,从而加重了自己的心理负担。

自怜的人,一定要懂得：无论面对什么问题,自己都是可以帮助自己的。但首先,你一定要学会对自己说声"对不起",这样你才能意识到自己错在了哪里。当你学会向自己道歉后,你就不会再贬低自己作为人的价值了。

方法四 / 面对波折，仍要充满希望

获得成功，这是每个人奋斗的目标，没有人会放弃追逐成功的步伐。然而，成功从来都不是一帆风顺的事情，因此有人面对波折，就会觉得："看来我真是太笨了，哎，还是算了吧，我这种人能做成什么事啊！"

因为波折，我们如此责备自己，这并不是什么聪明的行为。因为，过程的曲折并不代表失败，拿破仑说过："胜利在最后五分钟。"只要你继续不断地努力，用百折不回的精神和执着的信念朝着目标迈进，终会有一天摆脱压力的困扰，走上成功的金光大道。所以，当我们在奋斗的路上遇到波折时，就应该停止对自己的责备，继续奋斗下去，这样才能收获成功。

莎利·拉斐尔是美国著名播音员，不过在她成功的路上，她曾遭遇了多达十八次的打击。

有一天，拉斐尔来到了一家国家广播公司，与一位制作人聊起了她的清谈节目构想。听完之后，那个人说："我相信公司会有兴趣。"

拉斐尔原以为，自己的理想终于要实现了，谁知没过多久，那个人却离开了国家广播公司。没过多久，拉斐尔又碰到了该电台的另一位职员，再度提出她的构想。此人也夸奖是个好主意，但是不久此人也失去踪影。最后，她遇到了第三个人，百般解释后，那人才答应了她的请求。不过，他提出要拉斐尔在政治台主持节目。

拉斐尔说："我当时觉得，自己已经完蛋了，因为我不懂政治。每天我都在抱怨自己，为什么做什么什么失败，从来没有看到希望的存在。"后来，她的丈夫热情地鼓励她尝试一下，这才让她有了些许信心。

到了第二年，拉斐尔的这档节目终于与公众见面。凭借着对广播节目的了解，拉斐尔利用自己的经验和平易近人的风格，大谈她对 7 月 4 日美国国庆的感受，又请听众打电话谈他们的感受。

这期节目播出后，立刻引起了听众的欢迎，而拉斐尔也越来越被听众喜欢。通过自己的勤奋，她战胜了多次的挫折带来的压力而一举成名。

如今，莎莉·拉斐尔自己创办了电视节目，并再次取得了成功，曾经两度获奖。在美国、加拿大和英国，每天都有八百万观众收看她的节目，她终于实现了当年的梦想。

成功后的拉斐尔说："我的一生，曾被辞退 18 次，到了最后，我除了抱怨自己，几乎什么也不会了。不过，多亏有了丈夫的鼓励，让我重新摆正了心态，最终获得了成功。自怨自艾并没有用，只有奋斗，才能让我们看到希望的曙光。"

俗话说，罗马不是一天建成的，如果当年那些建造者遇到困难就抱怨自己的能力，那么罗马城永远没有建成的那一天。所以，面对波折，我们不要总是抱怨"我不会一鸣惊人，因为我不是举足轻重的人物"。成功的代价，就是耐心和努力，不抱怨自己，永远怀着一颗奋斗的心。成功需要一个积累的过程，每个辉煌的背后都有着无数的汗水和心酸。这世间没有一蹴而就的成功，更没有通过抱怨自己，就获得成功的案例。

第六章
宁静中调节好心情的六个方法

方法一 / 疲劳时给自己松松绑

我们的生活充满阳光,同时,有时也会遇到阴云密布的时刻。所谓的阴云,其实正是因为压力而感到的疲劳。正如倘若天空永远都是阴云密布,那么世界上的一切都会灭亡,而如果我们匆匆几十年总被一个"累"字包围着,我们岂不活得太冤?为何不让自己活得轻松点呢?为何不让生活的节奏过得平衡一点,让自己更洒脱一点呢?

英国是一个懂得享受生活的国家,他们都懂得放松的道理。一位英国经理人就曾说过:"当我脱下外套的时候,我的全部重担也就一起卸下来了。"如果你发现自己总是被家人、朋友围绕着,耳边充斥着各种让人烦闷的噪声,整日忍受着繁忙工作,被家庭琐事的无穷折磨,每天的神经都绷得紧紧的,那么你真的应该规划一番自己的生活,去旅行、去玩乐,让自己彻底放松一下。

张凤是一个成功的企业家,个人资产达到数千万。可是,她依旧每天都是陷于疲惫之中,不是出国谈生意,就是在企业内盯着各个环节,几乎没有任何属于自己的时间。一转眼,她已经35岁,可是她还没有结婚,因为她实在太忙了。

看着身边朋友的孩子一个个都到了上小学的年纪,张凤终于感到,自己是那么疲惫,人生再没了一点乐趣。就这样,在事业的压力下,她终于无法忍耐,甚至做出了自杀的行为。

朋友们将自杀未遂的张凤送到医院,同时,还为她找来了一个远近闻名的修道院大师,请他为张凤指点迷津。

当张凤对大师说完自己的困惑后,大师对她说:"鱼无法在陆地上生存,你也无法在世界的束缚中生活;正如鱼儿必须回到大海,你也必须回归安息。你明白我的意思吗?"

张凤艰难地从床上坐起,坚定地说:"大师,我明白你的意思,可是你看现在的我,怎么可能放弃自己所有的一切,进入山里修炼,才能实现自己心灵的平静?要知道,这个企业是我辛辛苦苦打拼出来的,还有很多工人要指望着我吃饭。我要是走了,那他们怎么办?这不是更加让我痛苦吗?"

大师笑了笑,说:"你误会了我的意思,我并没有让你选择归隐山林。"

张凤说:"那大师您的意思是……"

大师说:"对于这份事业,你当然要继续,毕竟这关乎到许多人的幸福。但是,你也要学会回到心灵深处。当回到内心世界时,你会在那里找到祈求已久的平安。除了追求生活上的目标外,生命的意义更值得追寻。"

出院后,张凤听取了大师的意见,逐渐将生意交给了其他人打理,而自己则参加了高尔夫俱乐部。同时,她还积极参与慈善事业。没过一年,她的情绪平静了许多,再也没有因为公司的事情,把自己弄得焦头烂额。

我们要明白,生活的意义,不仅仅是为了得到财富、得到地位。在保证物质生活的同时,我们更应该追求内心的快乐与满足,而不是在疲劳中度其一生。所以,在生活中,我们必须学会脱下乏味和疲劳的外套。即使我们只是个普通的小职员,也不必为了追求财富而让自己陷于疲劳之中。除了利用休假旅游,我们在办公室里也可以"脱外套"。你可以望望窗外的景致,也可以体味一下大脑的思维和感受,一切顺其自然、不加控制即可。

其实,真正的成功者,都会懂得在工作之余,为自己寻找快乐。例如大发明家爱迪生,他总会在实验中,用两三句诙谐的笑语逗得大家哈哈大笑;而林肯更胜一筹,他能在事态严重、大家精神紧张、面临很大压力的时候,用诙谐的语言或幽默的举动,将阴云密布的局面冲破,以使大家心情松弛、思想活跃,寻找出解决难题的最佳方案。所以,学会劳逸结合,学会丢掉疲劳,这才是一个人所应该拥有的本领。

方法二 / 在痛苦中寻找快乐

每个人都会遭遇打击,同时也会感受痛苦,这是不可避免的事情。但是,痛苦是要适可而止的,我们不能总陷于其中,这样反而会让事情变得更糟,同时也造成自己的心理扭曲、失衡。

面对痛苦,如果我们实在没有能力改变,那么我们不妨找到属于自己的空间,让自己冷静下来,做点自己喜欢做的事情,从而摆脱痛苦对自己的束缚。尽管我们知道最终结局迟早会到来,但是,如果我们能够学会调剂情绪,那么反而有时会出现奇迹。正所谓劳逸结合,让快乐融于痛苦的生活之中,我们反而有可能消灭痛苦。

汉里不幸患上了胃溃疡,每天都在痛苦中度过。当时,他的病情非常严重,体重从170磅降到了90磅。同时,医生也不允许他抬头,每天只能吃些流质的东西。

几个月的治疗,汉里还是不见好转。这个时候,他真的感到绝望了。一天晚上,他看着天花板,对自己说:"汉里,你就这么睡去吧。如果你除了等死之外,没有什么其他的指望的话,不如充分利用你余下的生命。你一直想在你死之前周游世界,如果你还想这样做的话,只有现在就去做了。"

第二天,汉里就把自己要环游世界的消息告诉了医生。医生们大吃一惊,说:"你是不是疯了?! 告诉你,如果你执意去做,那么你只能葬身在海里了。"

听完医生的话,汉里笑了笑,说:"那你们替我做个棺材吧。我会带上它,如果出现意外,我会让其他人帮我装起来,然后藏到冷冻箱里,最后运回老家。现在,我要享受自己的生活,我要找到属于我自己的空间。"

就这样,汉里带着一副棺材,踏上了环游世界的路途。他从洛杉矶登船,一路向东行驶。这个时候,他感到心情愉悦了许多。渐渐地,他不再吃药,不久之后,任何食物也都能吃了,甚至包括许多奇特的当地食品和调味品,这些都是别人说吃了一定会送命的东西。

一路上,汉里非常快乐,他和其他船员一起唱歌,和新的朋友一起聊天,抛弃了所有无聊的忧虑。当回到美国后,汉里发现自己的身体健壮了许多,而胃溃疡居然也得到了控制。很快,汉里便康复了起来。

面对痛苦,如果我们都能像汉里那样,会为自己找一个空间,去摆脱痛苦带来的烦躁,那么你会发现,其实世界并非想象的那么糟。即使我们别无选择不得不面对死亡,我们也可以让自己尽量享受剩下的这一点点时间,使自己完全放松。也许这种心理平衡,会使我们产生新的活力,拯救了我们的生命。

劳逸结合,这不仅是对于工作,更是对生活调节的最佳方式。学着在痛苦之中找到自己的空间吧,让自己开朗起来,那么你会发现,所有的困难都不能击败自己!

方法三 / 在属于自己的世界里取悦自己

为了得到幸福的生活，我们鼓起勇气向前冲；为了得到更大的幸福，我们甘愿承受命运的不公。然而，现实却总与我们的想象有出入，让我们看到希望的同时，又狠狠地关上希望之门……

面对这样的情景，没有人会选择放弃，而是继续拼搏。不过，在这条路上，我们有时不免会感到一种伤悲：自己是这么辛苦！的确，争取不凡诚然可敬可佩，然而甘于平凡，则更可爱可羡。这个世界很大，机会确实很多，然而这个世界也很小，机遇又极为难得，所以，我们应在奋力进取与适可而止之间取得一种平衡。有的时候，我们不妨取悦自己，这样才能让心态逐渐平衡。

小敏从安徽农村来到北京，她渴望着有一天也能像赵薇那样大红大紫。然而，两年过去了，她依旧没有成名，只能在电影里跑龙套。渐渐地，她的收入已经无法支撑生活，不得已，她到了一家写字楼，当了一名电梯员。

很快地，小敏和这里的人们熟悉了起来。有一天，小敏理完发来上班，这时候，平常一个经常和她聊天的人说："小敏，你一剪头发，怎么感觉很像一个明星啊！"

这个人刚说完话，其他人也随声附和了起来，不断地用这类话来激小敏。有人说："小敏，你去试镜吧，说不定你也能当个歌星，也能上电视呀！"还有人说："你为什么就甘心窝在这小笼子里，你这么好的相貌这么活泼的性格，为什么不去当个广告模特儿！"

这些人的话，让小敏笑了起来。她知道，明星之路离自己是遥不可及的，不然，自己早就成名了……

第一篇　如何调节好心情

第二天,电梯门又遇到了这群人,他们还是说着和昨天一样的话。这个时候,小敏大声地说道:"你们说的那位,顶多算个三流歌星,我可是个一流的电梯工!不是我像她,是她长得像我!"说完哈哈大笑起来。一下子,电梯里的人全笑了。

回到家,小敏一天来那种压抑的情绪终于释放了。她明白,在自己的世界里,自己不正是一个大明星吗?从这以后,她喜欢自己的工作、自己的平凡,自己的不必上电视,自己的适得其所,自己的不为他人左右……在一个人的世界里,小敏终于一扫两年来的沮丧。凭着这种心态,小敏的工作也越做越好,最后竟然成了这家写字楼的负责人!

试想,如果小敏一直陷于过去的失落,那么她能够有后来的成绩吗?正是她懂得取悦自己,这才让她重新焕发了斗志。在那个属于她的安静小世界里,她的梦想显然达成了。

依旧陷于苦恼中的你,也应该向小敏学习,给自己一个安静的空间,让自己的心态逐渐平衡。也许,与其他人相比,你确实没什么值得炫耀的地方,但是,你的个子最适合于你,你的相貌为你所独有;你的身体状况不佳,却无碍你内心的自尊与自爱;在每天晚上问心无愧地安睡,你每天清晨兴致勃勃地迎接又一个平凡而充实的日子……

也许对你来说,曾经的那些梦想,自己的确无法实现。但是,这不等于我们不能幸福。你不一定要成为维纳斯,不一定升为星座,但你可以尽情欣赏"维纳斯星座";你不一定要出现在电视上,但你在生活中完全可以拥有比那更多的乐趣……总之,在你的小世界里放松心情,学会取悦自己,那么你就会发现,其实幸福就在身边!

方法四 / 在安静的环境中摆脱压力

面对压力，每个人都会表现出截然不同的情绪：有的人会感到紧张，辗转反侧难以入眠；有的人会选择放弃，认为自己很难走到终点。更有的人，会出现综合性的心理反应，例如焦躁、愤怒等。

其实，这样的人当然懂得，这种心态自然不利于发挥出正常水平。可是，脑海里总是浮现出下一刻的场景，自己怎么才能摆脱这种情绪呢？"不是我不想冷静，是压力太大了，让我无法冷静！"这些人总会如此说。

的确，平静自己的内心，这并不是件容易的事情，尤其是对即将到来的事情满怀希望、满怀憧憬。不过，无论如何纠结，我们必须调整心态。这个时候，我们不妨找一个安静的地方，静静地喝一杯茶，回忆一下一路走来的艰辛，这样情绪就能迅速控制。

王文举是学校里出了名的乒乓球高手，在这次乒乓球比赛中，被大家认作是夺冠最大热门。王文举也觉得，自己起码能得亚军。然而就在比赛开始的前一天，王文举突然发现，自己的第一轮对手竟是曾经打败自己的黄瑞，一下子他感到了有些沮丧。

回到家，王文举还没有走出这个情绪，垂头丧气地对妈妈说："妈妈，我的对手是黄瑞，我估计我连出线的机会都没了，还说什么夺银冲金啊！"

看着有些绝望的儿子，妈妈很是心疼。不过，她为了激励儿子，就说："儿子，你想不想把黄瑞打败报仇呢？"

王文举坚定地说："当然！上次我输得很惨。不过我也知道，我们的实力相差太远了。"

这时，妈妈说："儿子，别担心，我有办法的。只要你照着我的话做，你便能赢得这场比赛。"看着王文举还有点怀疑,妈妈带着他来到院子里,说:"现在,你什么都别说了,你闭上眼睛,回忆一下过去。你可以想一想曾经打乒乓球时最精彩的一幕,把那个过程从头到尾重演一次,好好感受一下当时的情景。"

王文举闭上了眼睛,开始回到了过去。没过多久,他的脸上那种沮丧逐渐消失了,换来的是平静和从容,充满了信心和活力。

第二天,比赛正式拉开了帷幕。这个时候,王文举已经一扫昨天的失落,施展浑身解数,一举击败了黄瑞。回到家,妈妈高兴地说:"儿子,你打得棒极了!"

王文举挠了挠头,有些不好意思地说:"谢谢你,妈妈。要不是你教给我的方法,我想自己是赢不了的。坦白地说,我最初听到时觉得有点怀疑。没想到这个方法那么有效!"

王文举的妈妈之所以让他来到院子里闭上眼睛,就是为了给他一个安静的空间,让他放松情绪,为心灵腾出空间,找回平静。当王文举的心情完全放松时,紧张感就会从心中溜走,取而代之的便是信心和从容。自然,当走上比赛场地时,那份自信的心态就会占据心灵。

生活中,当我们遇到压力时,不妨也采取这种方法——冥想。尤其是在万籁俱寂的夜晚,仰望星星点点的夜空,只要半小时,你的脑电波就会平静得如没有涟漪的湖水。这时,之前的那些所谓的烦恼和紧张,就会随着夜风渐渐消失。你还可以闭上双眼,只把耳朵竖起来,聆听大地的天籁,虫鸣、鸟叫、风声、雨丝,让心情安静一会儿。

心理学家告诉我们,其实所有的紧张,都是自己造成的,并非因为即将发生的事情。所以,感到压力时,找一个安静的空间,深深地吸上几口气,不断对自己进行暗示,抑或美美睡上一觉,这都能迅速调整心态。

方法五 / 适当地放松自己

我们总在说：放松心态，才能得到快乐心情。然而有的人会如此反驳："我比较紧张眼前的一切，恰恰说明了我有责任心。想要放松，还是等到事业成功的时候再说吧！"

有责任心是好，适度的紧张也没问题，可是如果这份紧张超出了正常范围，那么，这就不是你可以承受的了。不懂得放松心情、疏解压力，那么不仅你的心理会出现扭曲，甚至连身体也会因此出现病变，让你痛不欲生。如果你还是不相信，那么看完这个例子，你一定不会再固执己见了：

张峰的公司原本发展得很好，谁知在 2010 年，他却遭遇了最大的打击：他最信任的一名下属，窃取了公司内部机密，投奔自己的竞争对手，让自己丢了一个大项目。

这个项目，关系到了公司未来的发展，因此此次失利，让张峰的公司元气大伤，效益低了一半，甚至不少员工也提出了辞职请求。每天，张峰都被这件事搅得焦头烂额，不是和高层开会商量对策，就是来到下属的办公室安抚军心，总之没了一点自己的时间。

一天，妻子说："张峰，你稍微休息下吧，我看你这几天的精神很差。"

谁知，张峰不仅不领情，反而愤怒地说："男人的事，女人少插嘴！我自己好不好，我自己最清楚！"刚吼完这句话，张峰突然眼前一黑，摔倒在了地上。

张峰再次睁开眼睛时，发现自己躺在了医院里。他看着身边喜极而泣的妻子，问："老婆，我怎么了？我的头，我的头好痛。"

妻子说："还能怎么了？你每天就想着单位的事情，不知道放松一下，给自己那么多压力,结果造成了贫血,就一下子昏过去了!医生百般叮嘱我,让你这会好好放松一段时间!"

妻子的话,让张峰渐渐平静了下来。出院后,他给自己的秘书交代了一些事,就和妻子暂时离开了,来到海边的一座城市疗养。在这座宁静的城市中,他不再考虑生意场上的事情,而是尽可能与妻子享受这份来之不易的快乐。

渐渐地,张峰感到自己的身体好了许多。又过了一个星期,他和妻子返回了自己的城市。当他回到公司时,带着蓬勃的朝气,一下子,全体员工的士气也调动了起来。从这天起,张峰无论怎么忙,每天都会抽出时间放松一下,这时他发现,原来那些解不开的问题,现在变得迎刃而解!后来,他还找到了证据,将出卖自己的下属和对手告至法庭,赢回了属于自己的一切。

很显然,正是因为忧愁和焦躁,张峰才因此贫血住院,这正是紧张带来的最直接的身体危害。而他学着放松,找到一个宁静的空间后就会发现,自己的病马上好了。

现代社会中,因为情绪紧张导致身患疾病的例子不在少数,并且多数集中在成功人士。正如爱立信中国区的总裁杨迈,正值壮年猝死,心与力的衰竭就是"最后的杀手"。成功人士考虑的问题太多,放松的时间太少,不知不觉中,自己的元气逐渐流失,导致了疾病趁虚而入。

我们一直在强调健康,健康的范围很广,包含了心理健康和身体健康,二者是相辅相成的。心理有问题,自然会导致身体出毛病,例如心脏病、高血压等;身体有了疾患,心理自然也出现紊乱,最终发展成抑郁症。所以,为了自己的身心健康着想,适当地放松自己的紧张,给自己一个相对平静的空间,别让紧张的情绪"深入骨髓",否则灵丹妙药也不能挽救你的生命!

方法六 / 果断"枪毙"幻想中的痛苦

人生在世,谁也不能永远幸福,痛苦有时总会从某个角落钻出来。于是乎,有的人陷入痛苦的泥潭中不能自拔,从此自甘堕落,遇到所有问题都是在惶恐中度过。

然而事实上,我们明白,其实所谓的"痛苦",都是自找的。比如我们丢失了一张信用卡,明知事情已经发生,却不想着及时解决,却要对此唉声叹气;再如亲人的过世,诚然这对自己是很大的打击,然而长久性地陷于痛苦,并不能改变现况。因为,无论亲人如何,他们都希望你能继续快乐地生活,而不是"身在人间,心在地狱"。

所以,面对不幸,我们必须及时将它"枪毙"。因为,这些所谓的痛苦,很大一部分都是自己的想象。

一天,一个农夫去山里砍柴,突然遭到了一只兀鹰的袭击。这只鹰猛将他的靴子和袜子撕成碎片后,便狠狠地啃起农夫的双脚。

农夫非常害怕,一动不敢动,任凭这只鹰折磨自己。这时,一个绅士从旁边走过,看到他如此鲜血淋漓地忍受痛苦,不禁驻足问他:"为什么要受兀鹰啄食呢?"

农夫流着眼泪,痛苦地说:"我有什么办法?这只兀鹰刚开始袭击我的时候,我曾想着能把它吓跑,不过,这只鹰太厉害了,他根本不怕我,几乎抓伤我的脸颊。我没得选择,我只能牺牲双脚。可我的脚差不多被撕成碎屑了!"

绅士好奇地说:"难道你不知道,你一枪就可以结束它的生命吗?"

农夫一听,大声喊道:"是吗?那你帮帮我吧,要不然我就要死了!"

绅士答应了他，说："没问题。不过，我还要去拿猎枪，你还能支撑一会儿吗？"农夫忍着痛，说："无论如何，我会忍下去的。"

就这样，绅士准备去把猎枪拿过来。然而就在这个时候，兀鹰蓦然拔身冲起，在空中把身子向后拉得远远的，以便获得更大的冲力，如同一根标枪般向前飞去。

绅士惊愕地看到，这只兀鹰就像一把利剑，深深地刺入了农夫的喉头。最终，农夫还是没能等来绅士的相助，倒在了一片血泊之中。

看到这个小故事，也许你会不以为然地说："这个农夫真笨，为什么他不会去自己拿枪结束兀鹰的生命，而是宁愿像傻瓜一样忍受兀鹰的袭击？"

如果你这么想，那么就说明，你没有理解这个故事的内涵。事实上，兀鹰在这里只是一个比喻，它可以象征着萦绕人生的内在与外在的痛苦。而在现实中，"聪明"的我们，很多时候也都会如那个农夫，沉溺于自己臆造的幻想中，痛苦得不能自拔，甚至"爱"上自己的痛苦，不愿亲手除掉它，尽管是举手之劳而已。事实上，无论是对于这只鹰还是痛苦，只要我们肯动动手，那么它们都会从生命中彻底消失。不要等待别人解决你的苦，只要愿意，你就可以超越它。枪毙了自己的痛苦，让自己恢复平静。

卡夫卡曾经说过这样一句话："人们惧怕自由和责任，所以人们宁愿藏身在自铸的牢笼中。"只要我们有打破痛苦的勇气，那么，你将会看到，生活依旧是万里无云，依旧是快乐自然。

第七章
顺其自然调节好心情的九个方法

方法一／用实现小梦想来取悦自己

当我们一天天长大,从小学到中学再到大学,我们已经对这个世界有了充足的认识,这个时候,我们会考虑自己的人生何去何从。有的人有着成为富翁、明星的梦想,这的确是件好事。因为,没有了梦想,我们将会失去希望,从而丧失对生活的兴趣,每天都是在浑浑噩噩中度过。

但是,不是每个人的梦想都能成真,就像想成为一个亿万富翁,这不是简单的一句话就可以实现。人生中,有些理想永远只能在梦里,它们渐渐消失或改变,更有些会在你的眼前粉碎。恢宏的梦想,不可能属于每一个人。

梦想破碎,这自然不是件让人高兴的事情。这个时候,我们不妨实现其他的小梦想取悦自己,那样同样可以让自己的心态平衡,甚至助你实现更大的梦想。

约翰曾经非常喜欢写诗,可以说,写诗成了他生命的一部分。大学毕业后,他在一家报社工作,每天生活都很忙碌。然而不到两个月,报社因为资金问题倒闭,解雇了所有的员工。

一下子,约翰成了失业者,他只好再找工作。不过,当时的工作非常难找,他花了数月时间,也没有合适的岗位。这个时候,妻子鼓励他应该把他的一些诗作集结成书,然后寄出寻求出版。妻子的话,让他行动了起来。因为,他一直都有成为作家的梦想。妻子对他的信心令他十分陶醉,约翰是既兴奋又紧张,两种情绪兼而有之。妻子白天作秘书,晚上作裁缝师来维持日常生活,而约翰则夜以继日地创作他的第一本诗集。

终于,约翰写完了自己的第一本诗集,为此他感到非常兴奋,然后迅速联系出版社。约翰本想向全世界描述自己内心深处的梦想、希望和欲望,却发觉这个世界对之嗤之以鼻。他被退稿12次之后早就完全麻痹了;等到拒绝了24次,他坐在后院凉亭,重新评估人生目标的优先次序。

约翰意识到,自己在这条路上真的走不通了。看着妻子的辛苦,自己怎好意思整天坐在家里?可是,约翰不愿意放弃自己的梦想,这让他感到了异常痛苦。

后来,约翰找了一份工作,在一家出版社任编辑。其实,能从事文字工作,这也是约翰长久以来的梦想,只是和当作家相比,它显得那么渺小。不过这一次,约翰没有再纠结于作家的梦,而是认真对待工作。没过几年,他在出版界已经小有名气,这个时候,出版社主动联系他,想为他出版诗集。约翰兴奋异常,他没想到,原来这个小梦想,帮助自己实现了更大的梦想!

可以说,如果约翰依旧纠结于"作家"的梦想中,他将一辈子碌碌无为。然而当他迁就于另一个比较小的梦时,他才发现:顺其自然地走下去,其实生活可以更美好!

在生活中顺其自然,努力实现那些看似不起眼的愿望,你会感到自己的理想国度正在一点点建成,你自然会得到心灵的平静。你可以拥有梦想,不过要懂得顺其自然。记住成功的最佳目标不是最有价值的那个,而是最有可能实现的那个。只有这样,你才能对生活充满了信心,最终赢得属于自己的一切。

方法二 / 不要给自己施加太大的压力

在我们的人生中,最大的敌人不是竞争对手,不是挫折,而正是我们自己。为什么这么说,因为,许多人就是不断地逼迫又逼迫自己,比一个刻薄的老板更严厉地逼迫自己,根本不懂得放松心态的道理。

尤其对于如今这样一个节奏飞快的社会,这种人越来越多。这些总给自己压力的人,会以为了想要赚更多的钱,或是想要使生活过得更充实为借口。然而,他们不知道,自己的这种行为,其实正是在毁灭自己而已。就这样,这种人永远活在疲惫之中,永远活在奋斗的路上,永远找不到属于自己的快乐,永远忘记了"顺其自然"这四个字。

马尔登是好莱坞著名演员,他的身边有很多朋友。因为马尔登非常喜欢帮助别人,所以,朋友们有什么事情,也会找他来商量。

有一年,一个朋友哭丧着脸找到了他,说:"马尔登,你帮帮我好吗?你知道的,我非常喜欢自己的工作,我也很爱我的家人,我的生活过得很舒服,我可以回到家里轻松下来。这种生活,我真的很享受,我自己也很满足。"

马尔登说:"这样多好啊!那你还有什么想不开的吗?"

朋友叹了口气,说:"的确,我很幸福。可是,只要我坐上车子,开上高速公路,奔向城里上班时,我立即感到全身紧张,要经过几个小时之后,才能把这种紧张的感觉摆脱掉。我不知道这是怎么了,我现在越来越害怕汽车了。"

马尔登听完朋友的话,对他说:"朋友,听我的吧,从明天开始,你不要再开车上班了,你可以改搭火车去上班。既然你开车时心情紧张,那么开车对你有害,会给你造成很大压力。所以,你去选择别的方法,也许就会很多。"

第一篇　如何调节好心情

朋友接受了马尔登的建议,开始每天乘火车上班。一段时间过去后,他感到自己比过去轻松愉快了许多。他感激地问马尔登,为什么知道这种方法有效,马尔登说:"其实,你还是没有明白我的意思。我强调的并不是开车,因为开车虽然会令某些人感到紧张,但也会令某些人感到轻松。我要告诉你的是——尽量避免逼迫你自己,放宽心态你才能快乐起来。"

现实中,总有很多人给自己无穷无尽的压力,总逼迫自己去做一些事,他们以为,这样的事情也是别人所期望的。可是你不知道,其实这一切都是自己的幻想,你给自己加了许多压力,到头来难过的还是自己。

所以说,在你逼迫自己的时候,你就不能得到轻松,这两种情况是无法同时存在的。虽然生活中有某些事情是你一定要做的,但你也经常未曾自由选择你可以不必去做的事情。作为一个人,我们必须选择对我们有利的生活方式。

想要不给自己那么多压力,首先要做的事情就是放宽心态,不要总想着那些让自己感到痛苦的事情。其次,你还要了解自己的能力范围。你的能力是有限的,不要妄想你自己能够从事某些超越自己能力的工作。知道应该在什么时候该放下工作轻松一会儿,这样,你的生活才能逐渐走向正规,让你体会到内心的愉悦。

方法三 / 以超然的心情看待人生

"此身常放在闲处,荣辱得失谁能差遣我;此身常在静中,是非利害谁能瞒昧我。"这句话,出自于明代还初道人洪应明所著的《菜根谭》之中。它的意思是说:经常把自己的身心放在安闲的环境中,世间所有的荣华富贵和成败得失都无法左右我,经常把自己的身心放在安宁的环境中,人间的功名利禄和是是非非就不能欺骗蒙蔽我。

人生的最高境界,即为这种"平淡"。一个人想做到坚韧不是难事,然而能够做到平淡的人却少之又少。不少曾经已经地位显赫的人,最终却落得身败名裂的下场,很大程度上都与不懂"平淡"有着直接的关系。所以,想要有一颗平静的心,我们就必须磨炼自己的意志,不会为了一时的得失而兴奋或难过,顺其自然地享受人生。

季羡林先生是我国著名学者,他才高八斗,曾是北京大学副校长。然而即便有了这么高的地位,季羡林先生也不会因此显得骄傲自满,反而将这些看得非常平淡。

在北京大学中,有这样一则故事,更是表现出了季羡林先生的人格魅力:

一年九月,新的学期开始了,大批学子从天南地北赶到北大。这其中,有一个外地的农村学子,大包小裹的东西很多。因为这些行李很沉,他不一会儿累得气喘吁吁,于是他就把自己的行李放在路边休息一下。

这个农村孩子为了不耽误报到,就想找一个人来帮自己看东西。不过看了半天,他发现过来的不是学生就是学生的家长。人们行色匆匆地为报到的事情而忙碌,没有人有时间帮他看行李。

看着这些行李,他不由得叹了口气。正在这时,路边走来一个老大爷。这位老大爷走路比较慢,看起来比较悠闲,不像是要赶路的样子。于是,这个农村学子就带着试一试的心情去拜托这位老大爷帮自己看一下行李。

令这位学子没想到的是,当他话刚说完,老大爷就爽快地答应了。学子感激了半天,就去办理入学手续了。因为当天北大的新生很多,所以,他花了两个小时才办完了入学手续。

办完手续,这位学子急忙回到了放行李的地方。令他大吃一惊的是,那位老大爷还在尽职尽责地帮自己看包,他非常感动,对老大爷说了很多感谢的话。老大爷谦虚了几句,然后就笑着走了。到了第二天开学典礼,这位学子突然发现,原来昨天帮自己看包的那个老大爷就是北大的副校长——季羡林教授。从这以后,这位学子将季羡林先生当成了自己一生的榜样。

季羡林先生是大学者,更是懂得人生智慧之人。他一生都非常反感类似于"学术泰斗""学贯中西"之类的称号,总认为自己是一个很平凡的人。他有一句名言:"人的一切要合乎科学规律,顺其自然,最主要的是要多做点有益的事。"

可以说,季羡林先生的平淡,已经到了另一层人生境界。当然有的人说,这种平淡,不是平庸吗?虽然两者外形相似,但内容迥异。平淡源于对现实清醒的认识,是来自灵魂深处的表白。人生在世,不见得权倾四方,威风八面,也就是说最舒心的享受不一定是物欲的满足,而是性情的恬淡和安然。

学会平淡地感受生活,你就会拥有一个坦然充实的人生。有一句名言叫做"心底无私天地宽",很多人最迫切追求的是私欲、私利,私欲多了,就会目光短浅,更让自己的心理因为不满足而烦躁。而只有那些真正懂得平淡的人,才能流芳百世,受后世敬仰。

方法四 / 放宽心态,寻找通往彼岸的另一条路

生活中,我们总会出现这样的心态:拘泥于一种思维无法自拔。表面上看,盯着自己的目标不放,这仿佛是一种坚持,是一个人的人格体现,然而如果看不到成功的希望,那么自己的心态一定会无比纠结,最终丧失了前进的动力。这样的坚持,就显得有些得不偿失。

当然,我们不是要你放弃,而是要提醒你:遇到无法前进的路,不妨放宽心态,打破固有的看法。也许换个思维,你就会发现,梦想中的宝藏,其实就在眼前。

"妈,你放心,我再训练几个月,下一次冠军一定就是我了!"陈景气喘吁吁地蹲在跑道前,不容置疑地说道。

看着孩子如此,妈妈也不知道如何安慰他。陈景自幼刻苦训练长跑,可接连三次的比赛,都以遗憾告终。每一次失败,陈景都会总结经验,然后进行针对性训练。但即使如此,他还是没能获得最终的冠军。眼见更多的新秀涌现,陈景的夺冠概率已经越来越小。

"孩子,努力就好,不必这么拼命!"无论父母还是老师,都如此劝过陈景。可是这些话却丝毫没有效果,反而让陈景更加玩命训练。妈妈很担心,陈景如果一直得不到冠军,那么心理压力岂不越来越大,最终出现扭曲?

这一天,爸爸在跑道上找到了他。爸爸语重心长地说:"陈景,爸爸理解你的坚持,一个男人就应该这样,有一颗不放弃的心!可是你也要明白一句话,'大丈夫能屈能伸'啊!"

陈景擦了把汗,说:"你的意思是让我放弃?那我可做不到!"

爸爸急忙道:"当然不是!我的意思是说,为什么你只看到长跑呢?我和教练分析过,你的优势就在于爆发力,但是长跑更注重耐力,这就是为什么你失败的主要原因。其实你只要拐个弯就会发现,百米和两百米也是不错的选择,说不定你还能取得更大的成绩!"

爸爸的话,让陈景思索了好几天。接下来,他开始逐渐尝试百米和两百米的训练。"短跑也不丢人,也是实现价值的途径!"爸爸如此对他说。

果不其然,在下一届比赛中,陈景囊括了百米与两百米的冠军,一下子,他那锁紧了多年的眉头终于打开了。

换个思维,这是保持自己进取心的最佳方法。也许你会觉得,这么做等于放弃，可事实上是，历史上有很多人都是通过这种方法，最后才达到了目标。正如荷兰足球明星里杰卡尔德曾经才华横溢，但是无论如何努力，却也没有拿过世界杯；可成为教练后，他凭借着卓越的能力，带领巴塞罗那俱乐部豪取欧洲冠军杯。由此可见，放宽心态换个思维，有时反而会让你更快地实现梦想。

更重要的是，当你的实现集中于一点时，当你在与困难做斗争时，内心的痛苦，远远大于快乐；然而当你思维发散之时，却能收获不断的惊喜，两者孰好孰坏，相信你已经有了正确的判断。所以，放宽心态换个思维吧，你会发现温暖的阳光依旧在心底！

方法五 / 一时之胜不足喜，一时之败不足悲

《水浒传》中有这样一句话："福无双至，祸不单行"，它的意思就是：人生之中所遇的"福""祸"其实都不是终点，也许只是人生中的转折点。然而从古至今，有很多人都迷失在"福"与"祸"的纠葛之中，迷失了自己。

其实，一个聪明的人，绝不会因为得到而狂喜，亦不会因为失去而沮丧。正所谓"不以物喜，不以己悲"，范仲淹的这句话，正是做人的大智慧。能做到这一点，你才不会每天生活于坏情绪之中，从而收获人生路上甜美的果实。

在中国历史长河中，西晋的石苞可谓是最懂得如何面对"幸运"和"不幸"的人：

石苞是西晋著名将领，深受晋武帝司马炎的信任，可谓"一人之下万人之上"。然而，他并不因此轻狂，以一颗平常心面对这一切。那个时候，天下还未统一，吴国经常来骚扰，因此司马炎便派他带兵镇守边疆。

尽管石苞很受人们的爱戴，但是在官场中，总有人想要加害他。有一次，一位名叫王琛的官员利用民间歌谣，悄悄密报石苞背叛晋朝，意图谋反。甚至，还有一位法师说："东南方将有大将造反。"石苞刚好就在东南方位，因此，晋武帝就开始怀疑石苞了。

可以说，石苞此时到了人生的转折点。突然，荆州官员送来了吴国准备派大军进犯的报告，于是石苞准备抗敌，开始修筑防御工事。

然而，石苞的这个行为，却让司马炎认为这是他造反的苗头。于是，司马炎召见石苞的儿子石乔。石乔也是当朝官员，然而他却没有面见皇上。顿时，司马炎大怒，秘密派兵准备讨伐石苞。

这一切，石苞都还蒙在鼓里，依旧准备应付吴国的进攻。当大兵杀近时，他还莫名其妙。不过他想："自己一向对朝廷忠心耿耿，忠诚为国，怎么会被皇帝派兵征讨呢？这里面肯定有误会。"于是，他采纳了部下的意见，放下武器，打开城门，没有做任何的反抗和辩驳，只身来到都亭住下来，等候司马炎的处理。大难临头，这样的勇气和冷静不是谁都有的。

石苞的这个行为，让司马炎顿时清醒过来，他想："指控石苞反叛的事情本来就没有什么真凭实据。况且石苞如果真要反叛朝廷，他修筑好了防御的工事，大兵到来他早就反抗了，怎么会只身出城，坦然接受处罚呢？"司马炎并不糊涂，经过一番仔细的揣摩，晋武帝对石苞的怀疑一下子打消了。

石苞的心态，给自己未来的平反昭雪奠定了坚实的基础，这正是我们学习的榜样。在意外的危难面前，在事情的紧急关头，更应该冷静地对待，低调地处理，要多一份耐心，对于自己所遇到的不平遭遇和危难处境，要耐心对待，不要因此心惊胆战慌了手脚，也不能气愤不平作出冲动的事情。只要坦荡无私、冷静面对，总会云开雾散。同样，在"福至"的时候，石苞也没有狂妄，从而赢得了民心和皇帝的信任。

人总有得志之时，也有失意之时，它们不会消失。所以，我们唯一能够改变的,就是对于它们的态度。"一时之胜不足喜,一时之败不足悲",只有采取这样的态度,我们才能够从容地面对人生中的波澜起伏。

方法六 / 像蘑菇一样生存

　　初出校园的年轻人,总带着一股令人欣喜的朝气蓬勃,却也有一种让人反感的情绪——恃才傲物。这些年轻人,总以为通过几年学习,实力远在他人之上,工作中不免出现浮夸的心理。殊不知,书本知识和社会实践完全是两回事。结果,正是因为自己的扬扬得意和发牢骚,受到了同事与上司的排斥和挤兑,自己在这种环境下,心理状态越来越差,却依旧找不到原因。

　　其实,年轻人在工作中得不到快乐,并不是能力的制约,而是不懂得低调的道理。正如蘑菇,它生长在阴暗的角落,得不到阳光,低调得难以置信,却从没停止成长的脚步。当它长到足够高度的时候,就开始被人关注,此时,它已经能够接收阳光了。

　　蘑菇的经历,就是一种顺其自然的态度:不强求快速长大,不沮丧当下的生活。作为年轻人,想要取得进步,想要在进步的路上收获快乐与幸福,那么就必须向蘑菇学习。在人生的很多时刻,成长总是默默实现的,急切的心理,只能是"揠苗助长"。

　　胡庆宇从重点大学毕业,来到了一家大型企业工作。他主要负责业务管理,可谓轻松自在,每天只要把财务报表制作完整即可。

　　可是,胡庆宇对这份工作并没有感到特别的兴奋。他以为,自己从重点大学的经管系毕业,怎么可以做这个?最起码,自己也应当是总裁助理吧?于是乎,他每天都在抱怨,抱怨领导的不识材,抱怨自己的怀才不遇。

有一天，胡庆宇实在无法忍耐了，一个人来到曾经的大学，请教当年的老师。当他说出了自己的郁闷后，老师笑着问他："小宇，你看我怎么样呢？"

胡庆宇一愣，说："老师，你当然很厉害了，这有什么疑问呢？"

老师说："其实，我刚刚到这所学校时，根本不是现在这个样子。那时的我，只是一个辅导员罢了。你在大学四年，知道辅导员是干什么的，那只不过是调节学生矛盾，贯彻社会主义思想，像教学之类的事情，根本轮不到我。"

胡庆宇惊异地说："可是，可是……"

老师挥了挥手，打断了他的疑问："后来，辅导员的工作，我一连做了三年。后来，广告专业的艺术设计没有老师，我就顶了上去。在这个岗位上，我又干了三年。最后，我才升为如今的系主任。小宇，你明白吗，只要你能顺其自然，摆正自己的心态，别奢望那么多，你总会获得成功的。"

老师的话，让胡庆宇思索了很久。从这以后，他不再抱怨工作的低级，而是静下心来，逐渐将事情做好。就这样过了三年，他成了部门主管，心中的喜悦自然无比高涨。

其实，无论你是学校中的高才生或普通生，如果不懂得顺其自然的道理，那么你有多大的抱负，有多大的能力，最后依旧要以失败告终。正如三国时期的周瑜，他的智慧过人，可是始终咽不下略逊诸葛亮的事实，最终才被气得吐血而亡。

所以，对于初出茅庐的你，走进社会的第一步就是学会抹去棱角，别因为过去的辉煌自认不凡。事实上，无论你原来在学校多么优秀，在走进社会后，都只能也必须从最简单的事情做起。先做一棵默默长大的蘑菇，等到一定的时日，等你也可以吸收到阳光雨露时，你才可能拥有自己的价值，有了价值，你才可以争取你想要的所有权利，才能争取到自己的满足。

对于工作、生活抑或爱情，总抱着一颗"一步登天"的心，那么你终将一无所获。

方法七 / 与他人相处，切忌死要面子

俗话说：人要脸，树要皮。尤其是一些男性朋友，把面子会看得格外重要，为了面子不惜说着违心的话，明明囊中羞涩，还要装出一个富翁的样子；嘴里说着自己一个月能拿多少工资，当朋友们借钱时，只能说现在在做大事情，暂时没有资金……可是，打肿脸充胖子，真能达到满足内心、炫耀自己的目的吗？

其实，总舍不得面子的人一定会明白，这些行为根本不会给自己带来快乐，看着面子去办事情难免会心虚。可是，"牛皮"已经吹出去了，自己怎好出尔反尔？于是在这种纠结中，自己的心态也出现了大变化。

孙皓在一家公司已经做了三年的普通职员，而他的一个朋友赵磊则成立了一家公司。为了庆祝一番，赵磊邀请了过去的一班朋友聚聚。朋友们玩得很高兴，都祝福赵磊生意节节攀高。这个时候，孙皓突然说："赵磊放心，你的单子我给你包了。"

其实孙皓明白，自己肯本没有那么大能耐，可是为了面子，他还是毫不犹豫地说了出来。结果，这句话所有人都记住了，朋友们都说孙皓够义气。一瞬间，孙皓感觉自己很伟大，于是夸下了更多的海口，引得朋友们无不羡慕。

孙皓的话，让赵磊牢牢记在了心里。几天后，他去找孙皓做单子，而孙皓只不过是说说而已，并没有想着朋友会真的找他帮忙。这下孙皓慌了，因为他自己根本就没有什么把握。

可是孙皓意识到，如果这个时候拒绝，那么自己无疑丢了大面子。于是，他不得不帮赵磊忙活起来。一个星期过去了，孙皓一个合适的单子也

没有给赵磊做成，但是赵磊也并没有不高兴，只是说："看你说得那么胸有成竹,相信你能行的。现在看来,我还是找别人吧,你不要为难了。"

可是,为了保全面子,孙皓还是决定要给朋友看看自己的"能力"。不过,几次三番的失误,不仅耽误了赵磊的工作,就连孙皓自己也花了不少冤枉钱。从这之后,朋友们开始感觉孙皓并不像他自己说得那样,于是对他产生了一丝反感。而孙皓自己自然也高兴不到哪里去,情绪越来越急躁。

现如今,越来越多的人在乎面子,过着不幸福的生活却对别人说着自己过得多么的幸福。其实这是一种自欺欺人,更是一种不健康的心理表现。与人交流,不应该是互相攀比、表里不一、只说不做,为了面子而做出不诚实的事情。人与人之间应当是平等,对彼此坦诚相见,心与心的交流和沟通,相处自如没有压力的感觉。

每个人都想要面子,这是人之常情。但是,凡事都不要做过了头,不然真正的面子保不住不说,还给自己找来啼笑皆非的难堪。尤其是面对朋友时,你刻意地找面子,反而会引起朋友的反感,认为你过于虚伪。所以,与他人相处时,死要面子就是活受罪!

方法八 / 远离浮躁,让人性回到本真状态

所谓浮躁,就是心浮气躁。可以说,浮躁是成功、幸福和快乐最大的敌人。尤其是现在的一些年轻人,看到别人"发达""潇洒"就坐不住了,渴望"一夜暴富""一举成名",不能脚踏实地,耐住性子地想问题。其结果是:在物质和精神都毫无准备的情况下披挂上阵,好大喜功,手忙脚乱,仓促从事,最后草草收场。

正因为如此,有人说:浮躁是一种虚妄性、情绪性、盲动性相交织的情

绪状态，是一种病态的社会心理，它使人失去对自我的准确定位，任意妄为，行动盲目，其结果往往事与愿违，乃至违法犯罪，害人害己。

小王大学毕业后，总是找不到工作，心里不免着急起来。尤其是看到以前那些不如自己的同学都顺利上班了，那份煎熬更让自己难受了。

为了摆脱这个局面，小王不得已先找了一个简单的工作：在一家出版社任搬运工。可是，此时他依旧不能平静，总觉得这个工作很屈才，一个堂堂的本科生，怎么做搬运工这种工作！于是在工作中，他总是抱怨这抱怨那，事情自然做不好，很快便被单位辞退了。

没了工作，小王的心情更加急躁了，和别人三言不合就争吵起来，甚至还与他人大打出手，结果赔了三千元才算了事。就这样浑浑噩噩过了一年，他依旧没有找到一份合适的工作。朋友给他介绍了一家公司，可是他却认为这家单位太小，根本配不上自己；进了一家大公司，他的能力又跟不上，多次被领导批评，这让他更加烦躁，不知道怎么办才好。

一天，小王参加同学会，看见好几个同学已经买了车，这让他的心里更加不平衡：按说这些人当年比我差多了，怎么现在都混得比我强！小王越想越气，回家后决定"做点大事"让大家看看。

小王所谓的"大事"，其实是一条铤而走险之路。一个晚上，他偷偷溜进某个重工业工厂，盗取了一捆电缆，从中赚取了四千元。有了第一次的甜头，小王开始频繁作案，直到半个月后被埋伏许久的警察逮了个正着。

小王因为盗劫罪，被法院宣判3年有期徒刑。在牢狱之中，小王流下了后悔的泪水：因为浮躁，自己失去了自由，更失去了家人、朋友的信任！

浮躁使人们失去思想上的冷静，失去心理上的平衡，更会使人不再用脑子去思想，而是用眼睛和耳朵去思想，看到什么、听到什么就是什么。浮躁的人不再考虑自己的长短优劣，只与别人比较所走的途径和结果。这样的人，又怎会有一个健康的心理？

于此同时，浮躁往往会使自己烦躁难耐，任何事情都会让你大动干戈。好事来了，往往会兴奋得难以自制，甚至得意忘形；但如果有坏事光临，便会立刻坠入痛苦的万丈深渊，痛不欲生，仿佛世界末日来临一样，身心出现了严重的扭曲。

浮躁是一个人成功的大敌，在追求成功的道路上，容不得半点浮躁心态。因为，成功往往不会一蹴而就，而是需要一连串的奋斗，还需要坚持不懈地投入热情。浮躁常常会伴随着我们，人一生都在自觉或不自觉地同浮躁做斗争。做官浮躁，势必成为庸官；做学问浮躁，势必一事无成；做人浮躁，势必为人浅薄。

方法九／学会调整心理，做一名超然物外的智者

人生在世，有得必有失，这是人们共知的道理。可有些人总想不通这一点，只要涉及个人利益得失之事，总少不了要去争，要去斗，要从争斗中得到更多。殊不知这种做法，总会给人带来莫名其妙的烦恼，难以言状的痛苦，排解不掉的忧愁。

其实，一个拥有健康心态的人，会明白这样的道理：生活中所拥有的，要珍惜，要知足；失去的东西，不要耿耿于怀，老是放不下；对于那些得不到的东西，切勿不择手段，一味奢求。对得失，尤其对功名利禄方面的得失，应该淡泊一些，豁达一些，千万不可太介意、太看重。

"塞翁失马"的故事我们几乎都听过，这个叫塞翁的人，将这层道理看得很深，悟得很透。

塞翁有一匹好马，这匹马有着雪白的鬃毛，高昂的头颅，雄健非常。一鞭扬起，如霹雳弦惊，那马听得飕飕风响，便驰骋往还，百里路程，常常一

眨眼的工夫便跑完了。

正是因为这匹马,街坊邻居都说塞翁的命好,拥有这样一个神兽,将来家族也一定会大富大贵。谁知,天有不测风云,人有旦夕祸福。有一天,这马儿脱缰跑到胡人那边去了。塞翁的亲朋好友得知此事,都尽力劝慰他,让他不要太伤心。

不过,令所有人意外的是,塞翁丝毫没有忧愁的感觉,仍是那样快活、自在,黑黑的眼睛直瞅着来者,笑道:"焉知非福?"

没过多久,那匹马竟然被胡人送了回来,这让街坊邻居们深感意外。于是,人们登门拜访,祝贺之声不绝于耳。不过,看着众人的欢乐,塞翁却说:"焉知非祸?"

这样的话,令大家非常不理解。在别人看来,这样的好马失而复得,自然是一件可喜可贺的事,哪有不恭贺的道理?何况塞翁的儿子喜欢骑马,家有良马,又有好骑手,这能是祸吗?

可是所有人都没想到,有一天,他儿子不慎从马背上掉下来,摔断了一条腿,从此走起路来一瘸一拐。于是,又有人来表示惋惜,塞翁又说:"焉知非福?"

果然,一年之后,朝廷下令讨伐胡人,全乡的年轻人都去服了兵役。而塞翁的儿子因为是残疾人免于征召,塞翁因此得以父子团聚,尽享天伦之乐。

"塞翁失马"的故事在中国流传千年,这个故事生动地说明了得失的相对性和得失转化的经常性、不可预料性。在一定的时间、条件下,好事和坏事,可以互相转换,得与失、祸与福总是相辅相成的。

当你想通这个道理,那么对名利问题上的得失,就大可不必斤斤计较了。看破得与失相互转化的关系,得到了固然好,失去了也无所谓。这样,自然会活得自在、活得安然、活得快乐,明智的生活态度正在于此。这就是人们常说的,"患得患失常戚戚,超然物外天地宽"。

西方哲学家、美学家尼采曾指出,"不患得患失是活得久、过得好的艺术。"在患得患失中度过一生的人,他的生活无时无刻不充满忧虑,生命也因此衰老得更快;而不患得患失的人,他的生活时时刻刻充满乐趣,因而他的生命力也强。所以,就让活得长久、过得快乐的艺术成为每一个人的座右铭吧,它可以使人生充满快乐,可以让你的心灵净化,感受生活的美妙!

第二篇 / 怎样修炼好心态

　　成功学大师拿破仑·希尔曾说过："积极的心态是使心灵健康的营养，能吸引财富、成功、快乐和健康；消极的心态却是心灵的疾病和垃圾，不仅排斥财富、成功、快乐和健康，甚至会夺走生活中的一切。"我们所产生的行为、我们对别人的态度、我们所做的决定，都是自己的心态在作主，一个人如果心态好，积极、乐观地面对人生，平和地接受挑战和应对麻烦，那他就成功了一半。

第八章
修炼积极心态的六个方法

方法一 / 挖掘自身的巨大潜能

你会有这种感觉,平时觉得自己脑子很慢,可是如果参加脑筋急转弯或者猜灯谜,脑子就会飞速运转起来,连你自己都惊叹不已。其实,万事万物都是如此,你没有发现它的无穷魅力,只不过是因为还没有机会。我们的生活太平淡,就无法看到自己潜在的能力和进步的余地。如果这时候有个紧急任务,或者发生了十万火急的危险情况,你的体力和脑力就会全部被调动起来,全力以赴地完成某一个目标。

其实,每个人都是一座天生的宝藏,但是我们大多数人都很少去开发隐藏在自身的思想宝藏。罗斯福曾说过:"杰出的人不是那些天赋很高的人,而是那些把自己的才能在尽可能的范围内发挥到最高限度的人。"在现实中,如果做什么事情只会做"规定动作",只满足于和别人做得一样好,而不能突破自我,超越别人,就难以在强手如林的竞争中胜出。

让自己进步的方法很多,"每天做点困难的事",就是"逼"自己进步的办法之一。

一位音乐系的学生,其指导教授是个极其有名的音乐大师。授课的第一天,教授给自己的新学生一份乐谱。"试试看吧!"他说。乐谱的难度颇高,学生弹得生涩僵滞、错误百出。"还不成熟,回去好好练习!"在下课时,教授如此叮嘱。

学生练习了一个星期,没想到第二周上课时,教授又给他一份难度更高的乐谱,学生再次挣扎于更高难度的技巧挑战。第三周,更难的乐谱又出现了。同样的情形持续着,学生每次课堂上都被一份新的乐谱所困扰,然后把它带回去练习,接着再回到课堂上,重新面临两倍难度的乐谱,却怎么样都追不上进度,一点也没有因为上周练习而有驾轻就熟的感觉,学生感到越来越不安、沮丧和气馁。教授走进练习室。学生再也忍不住了。他必须向钢琴大师提出这三个月来何以不断折磨自己的质疑。教授没开口,他抽出最早的那份乐谱,交给了学生。"弹奏吧!"他以坚定的目光望着学生。

不可思议的事情发生了,连学生自己都惊讶万分,他居然可以将这首曲子弹奏得如此美妙、如此精湛!教授又让他弹奏了第二堂课的乐谱,学生依然呈现出超高水准的表现……演奏结束后,学生怔怔地望着老师,说不出话来。"如果,我任由你表现最擅长的部分,可能你还在练习最早的那份乐谱,就不会有现在这样的水平……"钢琴大师缓缓地说。

人的潜能是十分巨大的,我们能做的比我们想到的要多得多。根据研究,即使世界上记忆力最好的人,其大脑的使用也没有达到其功能的1%,人类的智慧和知识,至今仍是"低度开发"!人的大脑真是个无尽的宝藏,可惜的是,每个人终其一生,都忽略了如何有效地发挥它的潜能——潜意识中激发出来的力量。

人生在世,你只要按照自己的禀赋发展自己,不断地抛开心灵的束缚,你就不会忽略了自己生命中的太阳,而湮没在他人的光辉里。

凯斯特是一名普通的汽车修理工,生活虽然勉强过得去,但离自己的理想还差得很远,他希望能够换一份待遇更好的工作。有一次,他听说底特律一家汽车维修公司在招工,便决定前去试一试。他星期日下午到达底特律，面试的时间是在星期一。

吃过晚饭，他独自坐在旅馆的房间中，想了很多，把自己经历过的事情都在脑海中回忆了一遍。突然间，他感到一种莫名的烦恼：自己并不是一个智商低下的人，为什么至今依然一无所成、毫无出息呢？

整个晚上，他都坐在那儿自我检讨。他发现自从懂事以来，自己就是一个极不自信、妄自菲薄、不思进取、得过且过的人；他总是认为自己无法成功，也从不认为能够改变自己的性格缺陷。

于是，他痛下决心，自此而后，绝不再有不如别人的想法，绝不再自贬身价，一定要完善自己的情绪和性格，弥补自己在这方面的不足。

第二天早晨，他满怀自信地前去面试，顺利地被录用了。在他看来，之所以能得到那份工作，与前一晚的感悟以及重新树立起的这份自信不无关系。

工作的两年内，凯斯特逐渐建立起了好名声，人人都认为他是一个乐观、机智、主动、热情的人。现在，凯斯特已是同行业中少数可以做到生意的人之一了。公司进行重组时，分给了凯斯特可观的股份，并且加了薪水。

一个人如果总觉得自己低人一等，总觉得自己能力不足，总觉得自己无足轻重，那么，尽管实际能力很强，也是表现不出来的。因为思想决定行动，他的思想早已给他的行动埋下了不良的种子。相反地，如果一个人对自己的能力非常有信心，他确实也有这个能力，那么，他就能最大限度地开发自己的潜能，只有这样才能逐渐走向成功。

即使那些表面上成就卓著的人，也曾经有灰暗的一面，也有失去信心的时候。但与一般人不同的是，他们没有将自己的怀疑表现在言辞上。要知道，抱怨会使一个人的失意更为清晰，从而引发更多的负面影响，会驱使运气全部都跑掉。所以，当你感觉到信心不足的时候，千万不要说出口，也不要诉诸文字。你应该这么想："你们等着瞧，我绝对做成功给你们看！"

有意思的是，当你超越自己，做出了一定的成就的时候，心态也自然而然地发生了改变，热情越来越高、信心越来越足时，过去已被远远地甩在脑后。

方法二／战胜自己，创造命运

一位哲人说过这样一句话："自救是摆脱厄运唯一的武器。"是的，当你身遭痛苦与不幸之时，你可以诅咒命运的不公，但绝不可以放弃心中的勇气和希望。只要看重自己，自珍自爱，生命就有意义、有价值。绝不能相信"命运安排"这种说法。大多数人的命运史表明，无论你是从事何种职业，无论你是在较高层次的平台上演绎人生，还是在一般层次上努力求索，尽管所遇到的困境、逆境及诸种矛盾的状况不一，但有一点是共同的，即必须依靠自己点燃与命运搏斗的激情之火，依靠自我去抓住机遇，挖掘自身的潜能，开拓创造新的命运之路。

很多人之所以不能迈出人生的关键一步，就是因为每当他感到压力的时候，就会一蹶不振，接受"命运安排"，很难把失败的惩罚当成不断前进的新动力。任何要想成功的人，他首先要学会的就是经历苦难。经历苦难是一种痛苦，因为苦难常常会使人走投无路、寸步难行，苦难常常会使人失去生活的乐趣，甚至生存的希望。但有过苦难体验的人，都不会忘记在生活泥潭里奋力挣扎的情景。当你战胜苦难之后，这由苦难带来的痛苦往往也会变为千金难买的人生财富。

台湾十大杰出青年企业家赖东进成名前曾经是一个乞丐，从小到处流浪要饭。在奔波行乞的日子里，他经常抱着弟妹长途行走，动辄就是几十公里；每天用破水桶到水沟往栖身处提水，一折腾就是数个来回；在夜市或车站躲避抓捕,见到警察就玩命地奔逃;在野地或大宅门前,不时遭遇恶狗疯狂追逐。长期如此的磨难练就了他出奇的爆发力。

一次学校举办运动会,他报了一个竞赛的项目。发令枪一响,他奋力往前冲,只顾专心奔跑,并没有感受到场外的异常。等到快要跑到终点,他突然发现全场一片寂静,还来不及琢磨发生了什么事情,人已冲到了终点。

看台上的师生全都站立起来,响起了暴风雨般的掌声和口哨声。赖东进回头一看才弄明白,原来同组竞赛的同学才跑到一半。他那惊人的速度,让大家看傻了眼。

人的力量都是拼出来的,灾难就是最好的教练。赖东进早年在底层所遭受的艰难困苦,磨砺了他的精神和意志,这种无论在什么条件下都要拼命向前的精神,足以使他后来在商界与政界笑傲人生。一个强有力的人,正是一个能战胜自己的人。要纠正偏见,改变习惯,克服弱点,主宰感情,驾驭性格……总之,就是不要让生活牵着鼻子走,而是做自己命运的主宰。

追求成功的人生,就要敞开胸怀接纳上天赋予我们的一切,在缺陷面前绝不要退缩和消沉,战胜了自己,就是创造了命运。

美国最受爱戴的总统罗斯福八岁时,身体虚弱到了极点,他目光呆钝,牙齿暴露唇外,不时地喘息着。学校里的老师,唤他起来读课文,他便颤巍巍地站起,嘴唇微张,吐音含糊而不连贯,然后颓然坐下,生气全无,真是低能儿的典型。而世界上像他同类的儿童不知有多少,大都是这样的神经过敏,如果稍受刺激,情绪便受影响,处处恐惧畏缩,不喜交际,顾影自怜,毫无生气。在别人看来,他没有任何可以取得成功的条件。但罗斯福并不如此,他虽有天生的缺憾,同时他也有奋斗的精神,他抱定必胜的信心,克服天生的缺陷,去为成功创造条件。积极地锻炼,以达到目的。他要和别的健康的孩子一样,骑马、划船和做剧烈的运动。他用坚毅的态度,对付畏怯的天性,用忍耐的精神,克服先天的不足。为了以快乐和蔼对待人们,他要先除去怕羞、畏缩和不喜交际的个性。果然,在他入大学之前,他已获得大大的成功,他已是人们乐于接近的一个精神饱满、体力充沛的青年了。他经常在假期中,到亚烈拉去追逐野牛,到洛山矶狩猎巨熊,到非洲大陆去袭击狮子,以至于他能胜任军队的艰苦生活。在与西班牙的战争中,他功绩显赫。

由于罗斯福没有在缺陷面前消沉,不相信"命运安排",而是在顽强之中抗争,不因缺陷而气馁,甚至将它变为资本加以利用,很少有人知道他曾是低能儿。

事实上,所谓靠自己拯救自己,在很大程度上首先要突破的就是自己对自己的不信任。正是那种"命该如此"的灰暗思想,将一个又一个希望和成功扼杀在摇篮中。失败的人之所以失败,就是因为他们从来都不相信自己的力量。古人曾说:"哀莫大于心死,而人死亦次之。"没有信心的人是很难成功的,就像没有脊梁骨的人很难站得挺直那样。

人都会有自己的机遇也会有自己的挫折,有自己的顺风也会有自己的厄运。命运由我做主,幸福在于自己去寻求,无论身处逆境或是顺境,时刻以一种不信命的态度超越自己,去做自己命运的主人。

方法三 / 勇敢向前,以攻为守

有时候,一些人总是与成功无缘,是因为他们一直循规蹈矩地生活在自己熟悉的环境中,从来没有"出圈儿"的念头。即使面临新的机遇,建立在以往经验和知识基础之上的心理定式,也会产生消极影响,成为他们思维行为的障碍。

人脑是一个制造模式的系统,按照最简单的原则行事,它依赖于早年形成的模式,置模式外的信息而不顾,所以人脑最易趋向习惯。一个人的日常活动,90%已经通过不断地重复某个动作,在潜意识中,转化为程序化的惯性。也就是说,不用思考,便自动运作。这种自动运作的力量,会把人们拘禁于一个谨小慎微的牢笼之中。

世界上有无数的失败者,都是因为他们没有坚强的自信心,因为他们心神不定、犹豫怯懦,对事情缺乏果断的决策能力。如果失去了金钱,失去的也只是一点点;失去了工作,也许会失去许多;如果你失去了勇气,那你就什么都失去了。

日本三洋电机的创始人是井植岁男。有一天,他家的园艺师傅对井植说:"社长先生,我看您的事业越做越大,而我却像树上的蝉,一生都坐在树干上,太没出息了。您教我一点创业的秘诀吧!"井植点点头说:"行!我看你比较适合园艺工作。这样吧,在我工厂旁有两万平方米空地,我们合作种树苗吧!""树苗一棵多少钱能买到呢?""40元。"井植又说:"好!以一平方米种两棵计算,扣除走道,两万平方米大约种两万棵,树苗的成本不到100万元。三年后,一棵可卖多少钱呢?""大约3000元。""100万元的树苗成本与肥料费由我支付,以后三年,你负责除草和施肥工作。三年后,我们就可以每棵获利3000元,共两万棵,应为6000万元!到时候我们每人一半利润。"听到这里,园艺师傅却拒绝说:"哇!我可不敢做那么大的生意!"最后,他还是在井植家中栽种树苗,按月领取工资,白白失去了致富的良机。

在很多时候,一个人在成功路上的最大障碍恰恰就是自己。因而,我们应该努力学会清除前进路上的荆棘。贪图安逸、犹豫不决等都是阻止自己前进脚步的障碍;怯懦、怀疑和恐惧则是自己最大的敌人。所以,你要时时警惕自己身上的弱点,拥有了征服自己的勇气,就会征服一切困难。

在一些不思进取的小人物中间,流行过所谓的"三不主义"路线:即不积极、不缺席、不迟到的生活方式。表面看起来,这是最太平、最安全的处事方法。这样的处世路线,在变化速度还不算太快的时代,可使一个人平安度过他的一生,但随着社会竞争日趋激烈,变化速度日趋加快,新的生活方式必将取代旧的生活方式。

两颗相同的种子一起被抛到了地里。

一颗这样想:我得把根扎进泥土,努力地往上长,要走过春夏秋冬,要看到更多美丽的风景……

于是,它努力地向上生长。几年后,变成一棵枝繁叶茂的大树。

另一颗却这样想:我若是向上长,可能碰到坚硬的岩石;我若是向下扎根,可能会伤着自己脆弱的神经;我若长出幼芽,可能会被蜗牛吃掉;若开花结果,可能被小孩连根拔起。还是躺在这里舒服、安全。

于是,它瑟缩在土里。一天,一只觅食的公鸡过来,三啄两啄,便将它啄到肚子里。

在概叹两颗种子迥然不同的命运时,我们惊讶地发现这样简单的道理:越是想安于现状,越不能安于现状,因为各种偶然的因素使你的周围充满风险。相反,坚定地树起奋发向上的信念,敢于冒险,敢于承受岁月的风风雨雨,就一定会拥有令人羡慕的成就。

据社会学专家们预测,未来的社会将变成一个复杂的、充满不确定性的高风险社会,我们要想发展,必须树立不怕失败的信念,果断地作出决定,投身新的环境,去发挥全部才能。这种不怕失败,准备在万分紧迫的情况下发挥全部才能的态度,反而有可能防止更大的失败,并大大提高自己的才干。

"勇敢"是一个想获得成功的人必不可少的品质。蒙哥马利在他的回忆录中这样说:"要取得成就有很多必要条件,其中两条非常重要,那就是苦干和正直。现在得再加上一条:勇气。"很多时候,成功的门都是虚掩着的,勇敢地去叩开成功之门,并大胆地走进去,才能探寻出个究竟来。

方法四 / 永不停息地追求人生目标

对于目标与成功的关系,古人早就说过:"取法上者得乎中,取法中者得乎下,取法下者得乎无。"

那些志向远大、敢于想象的人,所取得的成就必定是远远超出起点。一个理想高、目标大的人,即使努力后没有实现最终的理想和目标,但其实际达到的目标,都要比理想低、目标小的人最终达到的目标大。

所以,我们应该换一种眼光来看待人类的欲望,从积极的方面说,野心和欲望是推动一个人前进的最有效的动力。在不断的追求中,推动着社会向前。如果一个人没有什么追求了,社会也会因此停止前进了。

一些成功人士毫不掩饰地承认:野心是永恒的特效药,是所有奇迹的萌发点。

美国的大富豪福勒出生在美国路易斯安那州一个贫困的黑人家庭,他家以租种富人的土地为生。他在五岁时就跟着父亲下田劳动,福勒的大多数伙伴都是佃农的孩子,他们都是很早就参加劳动了。这些家庭按部就班地一天天过下去,已经习惯了这种状态,他们并不要求改善自己的生活。

小福勒有一点与其他的孩子们不同:他有一位不平常的母亲,他的母亲不肯接受这种仅够糊口的生活。她时常对自己的儿子说:"福勒,我们不应该贫穷。我不愿意听到你说:我们的贫穷是上帝的意愿。我们的贫穷不是由于上帝的缘故,而是因为你的父亲从来就没有产生过出人头地的想法。"

"没有人产生过致富的愿望",这个观念在福勒的心灵深处刻下了深深的烙印,以至改变了他整个的一生。正是靠这种"一定要出人头地"的欲望的激励,福勒从卖肥皂开始,一步步建立起自己的商业王国。

别人看你是无足轻重的小人物,这还不算什么,因为他们只是拿最普遍的外在标准衡量你,而这一切都是可改变的;如果你自己先对环境失望,然后再对未来失望,最终就会逐渐向命运缴械投降了。在不知不觉中,连你的思维也开始僵化,变成一个彻头彻尾的失败者。

上帝想改变一个乞丐的命运,就化作一个有钱人来点化他。

他问乞丐:"我如果给你1000元,你如何用?"

乞丐说:"那太好了,我就可以买个手机了。"

上帝不解,问他为什么,他回答说:"我可以用它和这个城市的各个地区联系,哪里人多,我就去哪里乞讨啊!"

上帝很失望,又问:"假如我给你10万呢?"

乞丐说:"那我可以买部车了,这样以后就可以开车出去乞讨了,很快的!"

上帝感到很悲哀,再问道:"假如我给你100万呢?"

乞丐听了眼睛都放光了,说:"那太好了,我可以把这个城市最豪华的地段买下来。"

上帝听了很高兴,这时乞丐又说:"到那时我把我领地的乞丐全撵走,不让他们抢我的饭碗。"

上帝听完,长叹一声,黯然离去。

世界上的每个人,都应该给自己定个位。定什么位,将决定自己一生成就的大小。志在千里的人决不会自甘平庸,吃饱穿暖就满足了的人,永远也成不了巨富。我们必须在物质生活变得富裕之前,让思想先富起来,而信念,是成功人生第一法则。

吉利集团的创始人李书福曾说:"20岁出头我开始创业,那时谁也不认识我,最支持我的人就是我的哥哥、弟弟了。我在海南给家里打电话,告诉哥哥我要生产摩托车,经过认真考虑他决定支持我。尽管从没做过这一行,但我们成功了,短短一年左右,我们就生产出了全中国第一辆踏板式摩托车。后来我决定投身汽车业,其他人都当成一个玩笑。我自己就领着两个人到浙江临海去准备生产汽车了。那时候临海是一片荒地,没有电、没有路、没有桥,只有蚊子。我们建了发电厂,造了桥,修了路,光填平800亩地就动用了五六百辆汽车。这时依然没有人相信我们能生产汽车,我就暗自告诉自己,造出一辆车来给他们看看,我的汽车生产史也就慢慢开始了……"

如果没有李书福披荆斩棘,一定要在荒无人烟处走出一条路来的信念,就没有今天"吉利"的辉煌。对于意志无比坚定的人来说,外界的嘲讽和阻碍都不能使他们动摇,"一定要成功"的信念始终贯穿于他们的行动之中。

在西方,最为流行的神话之一就是:"我们可以得到我们心中所期盼的一切。如果你相信自己能行,你也可以成为百万富翁、开办一家公司或成为首相。"对你起激发作用并决定你个人价值的就是你的内在力量,首先你要自信自己是个有用的人,只要你相信自己终有一天会成功,就会精力充沛、豪情万丈,活得有滋有味。但是,如果你不能正确认识自我,你取得成功的机会就会减少。在你感到不适应或注意力不集中的时候,你的判断就会动摇,你可能会分不清积极的风险与消极的风险,可能会缺少解决问题的决断力。即使你在技术上胜任某一角色,但如果你感到自己无能力、无信心,你也发挥不出最佳状态。

爱默生曾经说过:"哲学家论人之伟大在于寡欲,但是,一间茅舍、一把炒豆,真的能让人对自己满意吗?"我们应该勇于追求更好的职业、更好的待遇、更高品质的生活。知足常乐的心态,只能是一个人在困境中的一种自我调整,养好了精神气力之后,依然要沿着欲望的指引去打拼,让自己的生活发生质的改变。

方法五／独立自主，不依赖他人

有依赖心理的人遇事首先追随别人，求助别人，人云亦云，没有主见，没有信心，不敢相信自己，不断自行决断。这些人在家中依赖父母、爱人，在学校依赖老师、同学，在单位依赖同事，不敢自己创造，即使有这个能力，也不敢表现自己，害怕独立。

有依赖心理的人，不能独立地完成任何事，更无从谈起操纵和把握自己的命运，他的命运只能被别人操纵，只有在他具有利用价值时，人家才会理睬他；一旦他的利用价值没有了，那么他只有被抛弃的命运。

人生的路需要自己走，求人不如求己，总想着依靠他人帮助的人，是无法完成任何伟大的事业的。潜能激励专家魏特利曾说过这样的话："没有人会总带你去钓鱼，要学会自立自主。"

许小姐去年刚刚大学毕业，相对于办公室里那些年近半百的大妈级同事来说，她的到来立刻让昔日里死气沉沉的办公室变得活跃热闹起来，特别是那些年轻的男同事有事没事都爱跟许小姐开开玩笑，争着帮她买午餐、打水什么的，甚至是帮她完成工作。可以说，许小姐每天在办公室既安逸又舒适，时间长了，她对一切都产生了一种强烈的依赖心理，这也为她以后的工作埋下了极大的隐患。

一次，她随办公室主任到上海参加一个会议，临场前40分钟主任突然交给她一份资料，必须在会议开始前制成一张表格。这时，让许小姐汗颜的事情发生了，以前制表格时，自己从来都是依赖办公室那些"护花使者"，现在到了非得自己上战场的时候，却手忙脚乱不知所措。很简单的一张表格，许小姐用电脑摆弄了一个多小时还没有搞定，结果使自己陷入了狼狈的境地，而主任对她的能力也开始怀疑起来。

"坐在舒适软垫上的人容易睡去"，依靠他人，觉得总是会有人为我们做任何事，所以不必努力，这种想法对发挥自主自立和奋斗进取精神是致命的障碍！

总是依赖他人，最容易削弱自己潜在的才能。每个人都有许多事要做，他只可能最大限度地帮助我们，别人只可能帮一时却帮不了一世。所以，靠人不如靠自己，最能依靠的人只能是你自己。

坐在健身房里让别人替我们练习，我们是无法增强自己肌肉的力量。没有什么比依靠他人的习惯更能破坏独立自主的能力。如果你依靠他人，你将永远坚强不起来，也不会拥有创造力。

李嘉诚是华人首富，对于这个名字，人们都不会陌生。李嘉诚童年过着艰苦的生活，在他14岁那年（1940年），正逢中国战乱，他随父母逃往香港，投靠家境富裕的舅父庄静庵。但不幸的是不久父亲因病去世，为了帮助李嘉诚一家，舅父决定让他进入自己的公司上班，可是李嘉诚认为这样自己就会失去锻炼的机会，于是他谢绝了舅父的好意。

他先在一家钟表公司打工，之后又到一塑胶厂当推销员。由于勤奋上进，业绩显赫，只两年时间便被老板赏识，升为总经理，那时，他只有18岁。

成大事者的身上具有许多优良品质——勇敢、忠诚、创新、进取，当然独立也是这些品格中不可缺少的品质之一。

具备了独立自主精神的人，无论在什么情况下都会处乱不惊。当机会到来时，他是不会把它轻易放走的。他们做起事情来，会很有分寸，因为他们是对事情、对自己都知之甚清的人，是那些正在向自强自立的成功人生迈进的斗士。

世界上或许会有不需付出就可获得的好事，但你觉得自己有那么好的运气得到这样的机会吗？我们无法掌握运气，更不能把自己的一生交到运气手里,天下没有免费的午餐,要品尝成功的美味就得自己去做。只有凭借自己的能力,利用自己的双手,积极努力,才能做出可口的午餐。很多人都有一种投机取巧的心理,他们觉得全力以赴地去做一项工作是笨人所为,他们总是企图走捷径、耍小聪明,结果把事情弄得一塌糊涂。想彻底摆脱这种状态,真正走上一个良性的循环,就必须彻底抛弃这种想法,真正发挥自己的能力,利用自己的双手去奋斗。

小蜗牛问妈妈:"为什么我们从生下来,就要背负这个又硬又重的壳呢?"

妈妈:"因为我们的身体没有骨骼的支撑,只能爬,又爬不快,所以要这个壳的保护!"

小蜗牛:"毛虫妹妹没有骨头,也爬不快,为什么她却不用背这个又硬又重的壳呢?"

妈妈:"因为毛虫妹妹能变成蝴蝶,天空会保护她啊!"

小蜗牛:"可是蚯蚓弟弟也没骨头爬不快,也不会变成蝴蝶,他为什么不背这个又硬又重的壳呢?"

妈妈:"因为蚯蚓弟弟会钻土,大地会保护他啊!"

小蜗牛哭了起来:"我们好可怜,天空不保护,大地也不保护。"

蜗牛妈妈安慰他:"所以我们有壳啊!"

你自立的壳子也许过于沉重,但这恰恰是你力量的体现。靠自己的能力谋生,才是真正的本事。我们不靠天,也不靠地,我们靠自己。

方法六 / 主动寻找并创造机会

亚历山大在打了一个胜仗之后,有人问他:"假使有机会,你想不想把第二个城邑攻下?""什么?"他怒吼起来,"机会?我要制造机会!"是的,世界上最需要的,正是那些能够制造机遇的人。

大多数中国人都相信"生死由命,富贵在天",其实,我们完全可以设计自己的命运。成功是需要很多条件的,比如,健全的体魄、聪明的头脑、雄厚的资金和广泛的社会关系等,但这些条件并不是每个人都能具备的。一个成功者,首先就在于,他从不苛求条件,而是竭力创造条件。

杰克13岁的时候,特别想拥有一辆自行车,可是当时他的爸爸正失业在家,家里的经济很拮据,他不能再任性地向爸爸索取了。于是小杰克决定利用暑假出去打一份零工,这样就可以赚到一笔数目不小的财富,如果情况好的话,没准他可以完全靠自己的能力去买一辆自行车呢。

他的运气特别好,因为假期刚一开始就有公司贴出了招工广告,这家公司需要送外卖的兼职人员,当时公司正在现场面试,所有参加面试者都要填一张申请表,然后再排队等待面试。

杰克拿了登记表,然后细心地填好,他站在队伍的末端耐心随着队伍一点点向前移动。很长时间过去了,可是杰克面前还站着好多人。工作职位是有限的,待遇又这么丰厚,杰克真的很想得到这份工作啊,可是前面的人这么多,万一招聘的人选够数儿了怎么办呢?

杰克心急如焚,最后,他想出了一个好办法。他找到白纸,写了一张小纸条,然后央求秘书递给面试官。

面试官很好奇:一个小男孩会告诉自己什么?打开一看,原来上面写着"上午好,先生!我不知道多久才能轮到我面试,不过在您看到我之前,请不要作决定。"

面试官很欣赏小男孩的勇气和睿智,于是很快做出了决定,杰克如愿以偿得到了这份工作,当然,他的自行车也不再是遥远的梦想了!

一个优秀的人不会只等待机会的到来,而是会寻找并创造机会,然后把握机会,最终获得成功。

走向成功的人,绝不是一个逍遥自在、没有任何压力的观光客,而是一个积极投入、持之以恒的参与者。善于制造机遇,并张开双臂迎来机会的人,最有希望与成功为伍。

在成功的金苹果将要砸到脚背上的时候,只要不是太蠢钝的人,都会伸手去接。这并不困难,调动一切可以利用的力量,把不可能经营成可能,这最能考验一个人的功夫。

罗蒂克·安妮塔是英国著名的女企业家,她是美容小店连锁集团董事长、家庭主妇创办公司的成功典范。

安妮塔出生于意大利,毕业于面向贫民子女的牛顿学院,与丈夫戈登结婚后,日子过得并不宽裕。

安妮塔决定自己创业。结婚前,安妮塔曾到南太平洋旅行,对土著居民使用的以绿色植物为原料的化妆品产生了浓厚的兴趣,她采集了不少天然化妆品配方。她认为天然化妆品一定会比市场流行的化学化妆品更受消费者欢迎,当前的困难在于4000英镑的投入,唯一的办法只有向银行贷款。

安妮塔带着两个女儿来到小汉普顿的一家银行,向经理诉说她的困境,说她急需开一间小店养家糊口,希望银行出于人道主义考虑,向她提供资金支持。经理认为银行不是慈善机构,拒绝了安妮塔的贷款要求。

但是,坚强的安妮塔没有绝望,她在时刻不停地想办法。安妮塔研究了一番,一周后她穿上特制的西服,俨然一副商界女士的打扮再次来到银行。她还准备了一大摞文件,包括可行性报告和房产凭据等。文件中把她筹划的小店吹捧成世界上最好的投资项目,把自己美化成具有丰富经验的化妆品专业的商界奇才。这次她改变了策略,用商业银行的游戏规则——越有钱的人越容易借贷,来与银行周旋。

那位银行经理因为一周前根本就没把安妮塔放在眼里,所以没认真注意她。这次改头换面再来时,竟没认出她来。安妮塔的资历通过了银行的审查,很顺利地贷到了4000英镑,这笔钱成为她非常重要的启动资金。

1976年3月27日,安妮塔的美容小店正式开张。由于此前《观察家报》报道了她开店的情况,结果该店一炮打响,顾客盈门,第一天的收入就达到130英镑。

此后,安妮塔不断开设分店,走上了连锁经营的道路,她的小店变成了遍布全球的大企业,许多当初抱有像她一样愿望的家庭主妇,加盟她的连锁集团后成为百万富婆。

许多人处于贫困之中的时候,往往会抱怨命运没有给自己一个展示能力的平台,以至于有劲儿使不上,要致富也不知从何处下手。却不知你要上天,必须自己搬梯子;要入地,必须自己掘土。所谓机遇,你对它倾心,它才会对你钟情,给你报答。它绝不轻易光顾你的门庭,不愿意投入的人,也绝然得不到它的偏爱与回报。机遇最喜爱善于进攻、有挑战性格的人,并乐意为其"效劳"。

拿破仑·希尔说:"人与人之间只有很小的差异,但是这种很小的差异却造成了巨大的差异!很小的差异就是所具备的心态是积极的还是消极的,巨大的差异就是成功和失败。"心态决定人的命运,成功人士始终用最积极的思考、最乐观的精神和最丰富的经验支配和控制自己的人生,无惧生活中的困难,始终为自己的理想而努力。而失败者则恰恰相反,他们的思想受过去的种种失败和疑虑所支配,失败也就因他们的这一心态而产生了。

第九章
修炼明智心态的六个方法

方法一 / 深刻地认识自己，客观地评价自己

自从每个人懂事时起，就会问自己这样的问题：我是谁？我从哪里来？我往哪里去？这是人生最复杂的问题，也是哲学史上的三大难题，又是人生必须面对的问题。现实中的很多问题在一定程度上都决定于你能不能对自己有正确的认识。所以从现在开始你就该好好认识你自己了。

世上最困难的事情就是认识自己，要想全面而深刻地认清自己，就要完全地接纳自己，既要接受自己的优点，也要接受自己的缺点。

专家研究显示，人的智商、天赋都是均衡的，或许你在某一方面有优势，但不一定在别的方面能够赢过人家。有优势的同时就会存在劣势。知道自己的长处，找到自己的发展方向，走一条适合自己的路，这对于你的成功，有着事半功倍的效果；相反，如果你在一个你不擅长的方面辛苦拼搏，成效可能不会很大，甚至无功而返。

二十多年前，当梅艳芳崭露头角时，以一张稚嫩纯真的脸，一头飘逸的秀发以及低沉的嗓音和特有的舞台风格，一举夺得香港新秀的桂冠。那时候，有人说她是徐小凤第二，也有人嫌她不太漂亮。但是在20世纪八九十年代，梅艳芳红遍了香港乃至东南亚，并成为人们眼中的"天皇巨星"，人们尊称她为影后和圈内的"大姐大"。随后，她起初的个人身世以及后来

的成名在香港演艺界被称为一代传奇。

可以说，梅艳芳长得并不是十分出众，但她自童年起就以舞台卖艺为生的经历，让她自有一番与生俱来的独特气质，并且她十分清楚怎么样把自己的优点凸显出来。因此，她在舞台上姿态万千，艳压群芳，得到了"百变女王"的称号。

人生的诀窍就是经营自己的长处，经营自己的长处能给你的人生增值，经营自己的短处会使你的人生贬值。正如富兰克林所说："宝贝放错了地方便是废物。"把自己想做什么、能做什么，社会需要做什么，综合加以分析，找出最佳结合点，正确作出职业选择，你就迈出了人生事业发展的第一步。

每个人都有自己的长项和短项，如果抱着自己的短项不放，那就荒废了自己的长项。人生的成功，很大程度上取决于自己的长项与短项上的抉择。在成功心理学看来，判断一个人是不是成功，最主要的是看他是否最大限度发挥了自己的优势。专家通过研究发现，人类有四百多种优势，这些优势本身的数量并不重要，最重要的是你应该知道自己的优势是什么、劣势是什么，之后要做的就是敢于放弃劣势，将你的生活、工作和事业发展都建立在你的优势上，这样你才会成功。

德塞纳维尔是别人眼里一无是处的庸才，但他总觉得自己有点与众不同的地方。有一天，他脑子里飘起一段曲调，他便将它大致哼出来，并用录音机录了下来，请人写成乐谱，名为《阿德丽娜叙事曲》，阿德丽娜是他的大女儿。曲子谱好后，他就在罗曼维尔市找了一个游艺场的钢琴演奏员为之录音。这个演奏员毫无名气，穷酸得很，德塞纳维尔给他取了个艺名，叫理查德·克莱德曼……这一弹奏在音乐界引起了轰动，唱片在全世界一下子卖了2600万张，德塞纳维尔轻而易举地发了财。他说："我不会玩任何乐器，也不识乐谱，更不懂和声，不过我喜欢瞎哼哼，哼出些简单的大众爱听的调儿。"德塞纳维尔只作曲,不写歌,他的曲子已有数百首,并且流行全球。20年来,德塞纳维尔靠收取巨额版税而腰缠万贯。

一个人做自己擅长的事,是获取成功的一件法宝。每个人在年轻的时候都会立大志,但不是每个人都能出人头地。培养一技之长,一步一步去累积自己的个人资源,才是成大事的必由之路。许多成就卓越的人士,他们的成功首先得益于他们充分了解自己的长处,根据自己的特长来进行定位或重新定位,最终找准了真正属于自己的行业。

成功人士都是这样,保持特质,最后他们得到了一片蓝天。人的兴趣、才能、素质是不同的,如果你不了解这一点,没有能把自己的所长利用起来,你所从事的行业需要的素质和才能正是你所缺乏的,那么你将会自我埋没;反之,如果你有自知之明,善于设计自己,从事你最擅长的工作,你就会获得成功。每个行业都有它存在的价值,只要你选准位置,做出成绩,就会受人尊敬,或成为某一领域的专家。劣势可以变优势,只要努力去选择,就会有收获。

方法二 / 承认自己的不足

不论你从事何种职业,担任什么职务,只有谦虚谨慎,才能保持不断进取的精神,才能增长更多的知识和才干。因为谦虚谨慎的品格能够帮助你看到自己的差距,永不自满,不断前进;可以使你冷静地倾听他人的意见和批评,谨慎从事。否则,骄傲自大,满足现状,停步不前,主观武断,轻者使工作受到损失,重者会使事业半途而废。

闻一多说:"我们不怕承认自身的'弱',愈知道自身弱在哪里,愈好在各人自己的岗位上来尽力加强它。"虚怀若谷的人,不会被头上各色各样的光环所蒙蔽。他清楚自己的长处与弱点,失败与成就。他能虚心接受不同的意见,更能以宽广的胸怀接受他人的批评,甚至为批评自己的人鼓掌。

富兰克林年轻时是个才华横溢的人,但同时也很骄傲轻狂。有一天,富兰克林去拜访一位老前辈,当他昂首阔步进门的时候,头被门框狠狠地撞了一下,奇痛无比。出门迎接的前辈看着他这副样子,笑笑说:"很痛吧!可是,这将是你今天来访问我的最大收获。一个人要想平安无事地活在世上,就必须时时刻刻记住低头,这也是我要教你的事情。"

富兰克林猛然醒悟,也发觉自己许多社交失败和悲剧命运的真正原因。从此,"时时刻刻不忘低头"成为富兰克林一生的生活准则之一,他改掉了骄傲的毛病,决心做一个谦逊的人。正是因为具有这一美德,他得到了人们的广泛支持,在事业上取得了巨大成功,成为美国开国元勋之一。

越是有成就的人,态度越谦虚。谦虚就是虚心,不自满,肯接受别人的批评。谦虚的人,能对自己有个客观的评价,实事求是,不贬低自己,也不抬高自己;从不隐瞒自己的缺点和弱点,知之为知之,不知为不知;既能坚持正确的观点,又能虚心向别人请教。

谦虚是人的一种修养。凡谦虚之人从不盛气凌人,不以长者自居,不以能人骄人,不以贵人下人,因而人格高雅、尊贵,别人会感到可亲。一般来说,越是见多识广,越是素养高超者,就越是谦虚;而越是无知的小人,就越是不知天高地厚,就越是狂妄。

一代儒家大师孔子,从小家境贫困,只能通过自修来学习。孔子从小就很喜欢读书,为了将来能为国家出力,他认真地学习礼、乐、射、御、书、数六艺。孔子学习刻苦而又虚心,有不懂的事情就向别人请教。他学习礼,要到很远的洛邑(今洛阳),请教大学问家老子。他在齐国听到古代音乐的演奏,就专心学习,竟然达到"三月不知肉味"的程度。孔子问过有名的学者,也问过普通的农夫;问过白发苍苍的老人,也问过梳着小辫的孩童。他愿意向不如自己的人请教，能够"不耻下问"。他的"三人行，必有我师焉"一直鼓励着无数虚心学习的人。

一次，孔子进入鲁国的太庙。太庙是古代帝王祭祀祖先的地方，里面陈列着许多文物古器，还常举行祭祀活动，在这里，可以了解历史和有关典章制度。孔子进太庙后，就下功夫进行考察，对每一件不明白的事，都向别人请教。从庙里陈列的件件文物古器到举行仪式时伴奏的音乐，样样都要找人问个究竟。活动结束后，他还拉住别人的衣袖，继续问一些自己不明白的问题。他的做法，有人很不明白，说道："谁说这个年轻人懂得礼仪呢？他跑进太庙，什么事都要问。"孔子听了之后说："不懂就问，这就是礼啊！"这就是古书上记载的"子入太庙每事问"的故事。

"谦虚使人进步，骄傲使人落后"，这是从古到今不变的真理。要想取得成功，不但要有不断学习新知识的渴望，还必须有敢于承认不足的勇气，之后正确地评估自己的目标和能力，取人之长，补己之短。敢于承认不如人，是一种期待成长的勇气，也是某种程度上的自信。只有敢于承认不如人，才能最后胜于人。只有不断地学习，"不耻下问"，才能使我们不断地进步，学习到更多的知识。

鲁迅先生也曾说过一句名言："我哪里有什么天才，我只是将别人喝咖啡的时间都用在了写作上。"谦虚谨慎的品格，还能使一个人面对成功、荣誉时不骄傲，把它视为一种激励自己继续前进的力量。

一个人聪明、有才华是好事，但如果不能做到正确对待，可能会被聪明所累、所误。相反，一个才能平平的人，如果能够做到谦虚谨慎，虚怀若谷，并且努力学习，也能成为一个受成功青睐的人。

方法三 / 为适应环境而改变自己

人的生存须臾离不开环境。社会环境的变化,会对一个人的命运有直接影响,但是任何一个环境都有可供发展的机遇,紧紧抓住这些机遇,好好利用这些机遇,不断随环境之变调整自己的观念、思想、行动及目标,就有可能在社会竞争的舞台上开创一片天地,站稳自己的脚跟。这就是我们常说的"先适应环境,再利用环境"。

环境常有不尽如人意的时候,问题在于个人怎样面对困难和不顺。知道人力不能改变的时候,就不如面对现实,随遇而安。与其怨天尤人,徒增苦恼,不如因势利导,适应环境,从既有的条件中尽自己的力量和智慧去发掘机会。生而为人,无法选择自己的家世背景,但可以选择自己的生存态度。生活的逻辑总是反复地昭示我们:艰难和挫折是对命运和人生的最好锤炼——树因此而用,人因此而才!

我们生存的世界不是停滞不前的,所以我们每个人所面临的外部环境和客观条件也随时都在改变,它们不会以某个人的意志为转移。你不能因为自己喜欢登高就要求面前是一座山,也不能因为自己擅长游泳而希望面前是一条河,相反,在碰到山的时候你应该学会攀登,遇到河的时候应该学会游泳。

威廉·怀拉是美国一位享有盛名的职业棒球明星,40岁时因体力不济而告别体坛另找出路。他琢磨着,凭自己的知名度去保险公司应聘推销员不会有什么问题。

可结果出乎意料,人事部经理拒绝道:"怀拉先生,吃保险这碗饭必须笑容可掬,但您做不到,我们无法录用您。"

面对冷遇,怀拉的热情未受丝毫影响,而是下决心坚持苦练笑脸。

由于天天要在客厅里放开喉咙笑上几百次,因此使邻居产生误解:失业对他刺激太大,以至于发起神经来了。为此,他只好把自己关进厕所里练习。

一次,他在路上遇见一个熟人,非常自然地笑着打招呼。对方惊叹道:"怀拉先生,一段时日不见,您的变化真大,和以前相比,真是判若两人!"听完熟人的评论,怀拉充满信心地再次去拜见经理,笑得很开心。

"您的笑是有点意思了。"经理指出,"然而还不是真正发自内心的那一种。"

他不气馁,再接再厉,最后终于如愿以偿,被保险公司录用。

这位昔日棒球明星严峻、冷漠的脸庞上,绽放出发自内心的婴儿般的笑容。它是那样的天真无邪,如此讨人喜欢,令顾客无法抗拒。就是靠这张并非天生而是苦练出来的笑脸,怀拉成了全美推销寿险的高手,年收入突破百万美元。

一个人要想成为生活的强者,就必须适应这个不断变化的大环境——社会,紧扣社会发展的脉搏与时代并驾齐驱,只有这样,事业的发展才能如鱼得水。也就是说,我们要想改变生存环境,首先必须顺应生存环境。如果一个人想改变生存环境,却不能顺应环境,那么想改变环境的目的是不可能达到的。这是一条强者的生存法则!

生活中的许多事情,就像大山一样,是我们无法改变的,或者是暂时无法改变的,只有适当地改变一下自己,才能达到预期的目标。只有改变自己,才会最终改变别人;只有改变自己,才能改变属于自己的天地。

1936年,李嘉诚一家辗转来到香港。他的父亲李云经认识到以前对李嘉诚的那套教育是完全不适应香港社会现实的,于是他不再按四书五经的理论要求儿子,他让李嘉诚"学做香港人",从而适应并融入香港社会。

要真正融入这片土地,就得先过语言关。如果语言关都过不了,在香港生存都是问题,更不用说什么做大事、立大业了。过香港的语言关就是要熟练地讲广州话和英语。

李嘉诚生长在潮州,只会说潮州话,潮州话属闽南方言。香港的大众语言是广州话,广州话属粤方言,与闽南方言彼此互不相通。可是在香港不会说广州话几乎寸步难行,所以是一定要学的。另外,英语是香港的官方语言,这是一种非常重要的沟通工具,也不容忽视。

功夫不负有心人,李嘉诚经过几年的苦心学习,终于熟练地掌握了广州话和英语这两门语言,这使得他在日后的商战风云中受益匪浅。

语言和经商绝对不是风马牛不相及的,试想一下,如果李嘉诚不懂广州话和英语,不要说难以在商场自由驰骋,就是生存质量也要大打折扣,赚钱又从何谈起呢?

对于当年的李嘉诚,要想在香港站稳脚跟,首先应当以一种全新的面目出现在这片土地上,而语言的改变,带来的是生存方式和生活圈子的改变,这种改变使李嘉诚由香港的看客变成了主人。所以说"适应"其实就是一种迂回的发展,因为选取了最佳的着眼点和入手的角度,行动起来就有事半功倍的效果。

改变自己是适应社会的一种好方法。当生活的境遇不能改变时,我们要学习改变自己。当我们在为生活或境遇烦恼苦闷到了极点时,要学会敞开一扇心灵之窗,不能因为一时处于恶劣的环境中就自暴自弃,止步不前。要知道,环境不是为你我而造的,我们一定要学会适应它。

方法四 / 允许自己犯错误

"人非圣贤,孰能无过?"一个人再聪明、再能干,也总有失败犯错误的时候。犯错是人生成长的必要经历。因为错误提供的重要信息能帮助我们应付变局,而且能从错误中得到成功所需的宝贵经验教训。

哈佛商学院教授约翰·利特说:"二十年前,当企业主管们讨论一个高级职务人选时,如果提到'这人三十岁时就遭受惨重的失败',别的人准会附和说:'确实如此,那不是个好兆头!'可是在今天,主管们讨论人选时会说:'太让我们担心了,因为这个人还未曾经历过失败。'"

从来没有经过失败磨砺的人,不足以托付重责。所以我们做任何事情都不能怕犯错误,人正是这个过程中成长起来的。

有个渔人有着一流的捕鱼技术,被人们尊称为"渔王"。然而"渔王"年老的时候非常苦恼,因为他三个儿子的捕鱼技术都很平庸。

于是他经常向人诉说心中的苦恼:"我真不明白,我捕鱼的技术这么好,我的儿子们为什么这么差?我从他们懂事起就传授捕鱼技术给他们,从最基本的东西教起,告诉他们怎样织网最容易捕捉到鱼,怎样划船最不会惊动鱼,怎样下网最容易'请鱼入瓮'。他们长大了,我又教他们怎样识潮汐,辨鱼汛……凡是我长年辛辛苦苦总结出来的经验,我都毫无保留地传授给了他们,可他们的捕鱼技术竟然赶不上那些技术比我差的渔民的儿子!"

一位路人听了他的诉说后,问:"你一直手把手地教他们吗?"

"是的,为了让他们得到一流的捕鱼技术,我教得很仔细很耐心。"

"他们一直跟随着你吗?"

"是的,为了让他们少走弯路,我一直让他们跟着我学。"

路人说:"这样说来,你的错误就很明显了。你只传授给了他们技术,却没传授给他们教训,对于才能来说,没有教训与没经验一样,都不能使人成大器!"

犯错误的过程就是一个学习的过程,是一种宝贵的人生资历。无论你有多少关于成功的知识,最终都是纸上谈兵,失败的教训却不同,它能使你更为清晰地认识自身的长短和周围的世界。一个人从失败中学习到的人生经验,印象更深刻,更能使人警醒。

认识到错误的正面价值之后,我们就不会再对自己的过失拼命掩饰。正视自己的错误,就等于重新审视了自己。只有勇敢地承认自己的不足,在错误中找到成功的经验,才可以使自己不再犯同样的错误。这就如同"一个人不会被同一块石头绊倒两次"是一样的道理。

有一个公司的老总,当他在一次内部会议上宣布改变公司的战略计划时,一个股东大声说:"您五年之前并不是这样主张的呀!"

这位老总的答复是:"是的,那时我的学识还不够,我错了,现在我进步了。"他并没有说什么"但是""假若"一类的逃遁之词,而是发表了一个坚强、有头脑的人坦诚的自白,表现了他能与时代同行的精神。最后,他赢得了股东的一致支持。

事实上,一个有勇气承认自己错误的人,他也可以获得某种程度的满足。这不仅可以消除罪恶感和自我保护的气氛,而且有助于解决这项错误所造成的问题。

要用积极的心态去看待错误的教育意义,人们可以分析错误产生的真正原因,还可以从错误中学到不懂的东西,从错误中吸取成功的经验,使自己将来不再犯类似的错误。一个小小的错误就可以警告人们避免大的错误。那些不肯承认自己做过错事的人,以至于使自己在错误观点的泥潭中越陷越深,造成无法挽回的损失,同时,也失掉了避免大失误的宝贵经验,而以后就会继续犯这种错误。而最终的结果是他颓丧地坐下来,哀叹自己的悲惨命运。

方法五 / 掌握好"埋头"和"抬头"的时机

人活一世,生存环境不断变迁,各种事情接踵而来,因循守旧、不知变通是无论如何都行不通的。生活中有一些人总是失败,就是因为他们按图索骥、墨守成规,从而把自己的道路堵死,结果导致自己寸步难行。

当我们期望成功、期望转变的时候,我们必须"埋下头来"或学艺或苦干;但是,一个阶段过后,我们也应当"抬起头来",想想自己身处的环境是否在发生着变化。倘若走到了人生路上一个新的交叉点,最重要的莫过于选择一个正确的方向。这时候,我们需要的是"抬头"!反过来,当我们做出了前进方向的抉择,就应当低下头努力工作。处理好"埋头"和"抬头"的平衡,可以使我们踏上成功的道路,并沿着这条成功的路一直走下去,完成你人生中新的转变与飞跃!

毕业于西点军校的美国前国务卿鲍威尔是黑人,虽出身寒微,年轻时却胸怀大志。鲍威尔在一家汽水厂当杂工时,一次,有人在搬运产品中打碎了50瓶汽水,弄得车间一地玻璃碎片和泡沫。按常规,这是要弄翻产品的工人清理打扫的。老板为了节省人工,要干活麻利的鲍威尔去打扫。

当时他有点气恼,欲发脾气不干,但一想,自己是厂里的清洁工,这也是分内的活儿。于是,鲍威尔尽力把满地狼藉的脏物扫除得干干净净。

过了两天,厂负责人通知他:他晋升为装瓶部主管。自此,他明白了一个道理:凡事竭尽全力,总会有人注意到自己的。不久,鲍威尔以优异的成绩考进了军校。后来，鲍威尔官至美国国务卿。

人的一生机遇至关重要，但如果不努力，不提高自身素质，则机会很难降临。好运气也是人因为积极主动去准备、去创造运气的态度与把握运气的能力，运气的根源其实就是对待运气的态度。

工作中努力是好事情，但是光努力是不够的，还要多动脑、多思考，这样才能真正做出成绩。要善于观察、学习和总结，仅仅靠一味地苦干，只埋头做事而不抬头看路，结果常常是原地踏步，明天将仍旧重复昨天和今天的故事。

人的潜力无穷，能否最大限度地挖掘这些潜能，关键在于是否善于经营自己。希望成功，必须加倍努力。成功人士有一点是相同的，那就是他们比别人更为清晰地认识到自己内心的需求和长远的目标。

四十多年前，有一个十多岁的穷小子，他自小生长在贫民窟里，身体非常瘦弱，却立志长大后要做美国总统。如何实现这样的抱负呢？年纪轻轻的他，经过几天几夜的思索，拟定了这样一系列的连锁计划：

做美国总统首先要做美国州长——要竞选州长必须得到雄厚的财力支持——要获得财团的支持就一定得融入财团——要融入财团就需要娶一位豪门千金——要娶一位豪门千金必须成为名人——成为名人的快速方法就是做电影明星——做电影明星前得练好身体，练出阳刚之气。

按照这样的思路，他开始步步为营。一天，当他看到著名的体操运动主席库尔后，他相信练健美是强身健体的好办法，因而有了练健美的兴趣。他开始刻苦而持之以恒地练习健美，他渴望成为世界上最结实的男人。三年后，凭着发达的肌肉和健壮的体格，他开始成为健美先生。

在以后的几年中，他成了欧洲乃至世界健美先生。22岁时，他进入了美国好莱坞。在好莱坞，他花了十年时间，利用自己在体育方面的成就，一心塑造坚强不屈、百折不挠的硬汉形象。终于，他在演艺界声名鹊起，当他的电影事业如日中天时，女友的家庭在他们相恋九年后，终于接纳了他这位"黑脸庄稼人"，他的女友就是赫赫有名的肯尼迪总统的侄女。

婚姻生活过了十几个春秋，他与太太生育了四个孩子，建立了一个"五好"家庭。2003年，年逾57岁的他，告老退出了影坛，转而从政，并成功地竞选成为美国加州州长。

他就是阿诺德·施瓦辛格。他的经历告诉我们，经营自己的过程要稳扎稳打，在一个台阶上站好了，然后再迅速瞄准下一步，直至完美地实现自己。

许多有抱负的人都忽略了"积少才可以成多"的道理，一心只想一鸣惊人，自以为选择的是一条捷径，其实却是一条只能看到海市蜃楼的死路。

古人云："唯有埋头，乃能出头。"最终的目标绝不是转眼之间就可以达到的，在未付出辛劳艰苦的代价之前，空望着那遥远的目标着急是没有用的。而唯有从基本做起，按部就班地朝着目标行进才会慢慢地接近它、达到它。

方法六 / 不断给自己充电

当今社会中的竞争是残酷的、激烈的，即使你非常优秀，你的业绩有目共睹，你的工作能力遥遥领先，面对不断涌进公司的新进职员和变幻莫测的工作环境，不管你的心理素质多好，你都不可能心如止水，不受影响。

你竭尽全力，努力工作，想把工作做好，以便得到领导的赏识和同事的认可。可是，来自外界的各种干扰却打乱了你的工作计划，你感到自己的工作难以有出色的表现，甚至会面临失败的局面，在这种情况下，你担心自己的位置不保，害怕自己有一天会失业，失业后所带来的经济压力和心理压力使自己产生了深深的危机感。

数十年前,高中毕业下乡插队的张女士顶替父职到某企业工作,先后当过工人,车间调度,总公司办公室收发兼档案管理人员。饱经风霜的她任劳任怨。近年来,企业经营不景气,单位进行机构改革与调整,此时此刻,她猛然意识到自己年龄大、学历低,又无专长,下岗的忧患时刻威胁着自己。她思虑再三,决心在短期内掌握一技之长。

平常在工作中她帮打字员校对文稿,发现那位打字员不仅打字速度慢,而且错误百出,校对后还要耗时修改,工作效率很低。公司里的几位老总都对其不满,看来,换人是迟早的事。

于是,张女士利用空闲时间苦练电脑打字技术,这对40多岁的女士来说确实不容易。经过大半年时间的刻苦学习,她的录入速度提高到每分钟50字,而且准确率相当高,几乎可以免除校对了。文稿排版美观大方、文字摆放疏密有致,令人赞不绝口。

不久,一位学档案管理专业的大学生接替了她的工作,她则被聘为办公室打字员。而那位比她年轻十多岁的前任则无可奈何地下了岗。

现代社会,知识更新的速度让人难以想象,你必须不断地学习新知识来给自己"充电",提高自己的竞争力。只有让自己具备更高的竞争力,和别人比拼时才能够凸显自己的优势,证明自己比别人更优秀。只有这样才能在激烈的竞争中不被淘汰,才能最大限度地缓解自己的心理危机。

古往今来,每一次社会的变革和历史的前进,都是依靠知识作为其坚强的后盾,可以说知识是推动人类文明前进的最大动力。而世界每时每刻都在不停变化,如果我们在这一刻停下来,难保下一秒不会被时代无情地抛弃。若你是一个明智的人,就必须不断求知,不断地丰富自己。

有位记者曾问亚洲首富李嘉诚:"李先生,您成功靠什么?"李嘉诚毫不犹豫地回答:"靠学习,不断地学习。"不断地学习知识就是李嘉诚成功的奥秘！

　　李嘉诚勤于自学，在任何情况下都不忘记读书，他青年时代坚持"抢学"，创业期间坚持"抢学"，经营自己的"商业王国"期间，仍孜孜不倦地学习。李嘉诚一天工作十多个小时，仍然坚持学英语。早在办塑料厂时就专门聘请一位私人教师，每天早晨 7 点 30 分上课，上完课再去上班，天天如此。在李嘉诚已年逾古稀时，仍爱书如命，坚持不断地读书学习。

　　李嘉诚说："在知识经济的时代里，如果你有资金，但缺乏知识，没有最新的信息，无论干何种行业，你越拼搏，失败的可能性越大；如果你有知识，没有资金的话，小小的付出就能得到回报，并且很有可能达到成功。现在跟数十年前相比，知识和资金在通往成功的道路上所起的作用完全不同。"

　　停止了学习，也就停止了发展。只有把学习和生活融为一体，使学习成为自身发展的必然需要。在学习中不断发展，才能从一个台阶迈向另一个台阶，才能从成功走向卓越。成年人慢慢被时代淘汰的最大原因，不是年龄的增长，而是学习热情的减退。

　　人类的历史就是不断更新知识的历史，在知识更新周期迅速缩短的今天，只有比别人更早地更新知识，才能在社会的竞争中占据主动。如果你对不断发展变化的客观世界认识不足，对自身所提出的发展要求也欠考虑，用已过了"有效期"的知识去应对现实世界的挑战，其结果必然是将自己之前的期望变成了现实中一次又一次的失望。这样，被时代的潮流淘汰出局就在所难免了。

　　有位成功人士的话很值得我们借鉴："成功的路上，没有止境，但永远存在险境；没有满足，却永远存在不足；在成功路上立足的根本基础就是：学习、学习，再学习。"

第十章
修炼自信心态的四个方法

方法一 / 尽情地赞美自己的优点

很多的时候,我们总是羡慕别人的才能、幸运和成就,总是不敢相信自己,总是认为别人比我们要强很多,一件事情要得到别人的肯定才是正确的。其实这又何必呢?在这个世界上没有不可能的事,而自我激励不够的人总是会给自己找借口,好像在困难中唯一能说的就是"我不行"这三个字。

其实,每个人都是独一无二的,每个人都有自己最优秀的一面,差别就在于如何认识自己、如何发掘和重用自己。首先你要认为你能,然后去尝试,再尝试,最后你就会发现你确实能。同时要在内心强化"我能,我一定能"的信念,要肯定自己的价值,让自己充满自信,才能发挥自己的能力。

有一个名叫莲娜的小女孩,她一生下来就没有双臂,而且左腿也只有右腿的一半长。其实,在她母亲分娩之前,医生就曾告诉过她的父母说:"这孩子即使有幸活下来,也是重度残疾!"

然而,她的父母却接受了这个现实,并决定用爱将这个无臂单脚的女儿抚养大。在刚学习走路的时候,莲娜经常跌倒在地上,并哭着求助别人扶她、抱她。但是,她的妈妈总是在一边坚定而温柔地鼓励她说:"你爬到墙边,靠着墙,就可以站起来了……"

6岁的时候,父亲开始教她游泳。在父亲细心的照料与指导下,她喜欢

第二篇 怎样修炼好心态

上了游泳,在水里居然像小鱼儿一样无拘无束。后来,莲娜开始接受学校教练的正规指导,学习不同的游泳技巧,她的成绩有了飞速的提高。

15岁的时候,莲娜刷新了瑞典女子100米蝶泳和200米自由泳纪录,从而获得进入国家代表队接受训练的机会。18岁时,她参加了在法国举行的世界杯游泳赛,她在四项竞赛中,摘下四枚金牌,而且还打破了女子100米蝶泳的世界纪录。

更令人惊讶的是,她的嗓音极为甜美。尽管没有双手,却能用脚趾弹钢琴。她在申请加入斯德哥尔摩音乐大学的时候,莲娜用脚自弹自唱了一首名叫《我很丑》的歌。她的奇特表演,感动了所有在座的教授专家,并最终获得入学许可,进入音乐大学深造。而今,她已经成为一名出色的歌唱家,经常随演出团到世界各地巡回演出。

无论发生什么事,无论处于什么境地,自信者都相信自己一定能成功。自信心绝对不是一个空洞的口号,而是每一个渴望成功的人都必须具备的素质,相信自己一定能行的人,在积极心态的支配下,无论遇上什么困难和挫折,都能乐观地坚持到底,绝不言弃。所以,你一定要努力让自信的根扎在你灵魂的深处,让它跟随着你的心脏和血液一起跳动和流淌,推动着你在生活和事业上获得成功。

"人不是为失败而生的。"这是海明威的著名格言,它代表一种高度整合的积极心态。相信自己,相信人生的光明面,能使我们在面临恶劣的环境时仍能寻求最好的、最有利的结果。事实也证明,当你往好的一面看时,你便有可能获得成功。积极思想是一种深思熟虑的过程,也是一种主观的选择。

一天,一个喜欢冒险的男孩爬到父亲养鸡场附近的一座山上去,发现了一个鹰巢。他从巢里拿了一个鹰蛋,带回养鸡场。把鹰蛋和鸡蛋混在一起,让一只母鸡来孵。孵出来的小鸡群里有了一只小鹰。小鹰和小鸡一起长大，因而它不知道自己除了是小鸡外还会是什么，起初它很满足，过着和鸡一样的生活。但是，当它逐渐长大的时候，它内心里就有一种奇特不安的感觉。它不时想："我一定不只是一只鸡！"只是它一直没有采取什么行动。直到有一天，一只老鹰翱翔在养鸡场的上空，小鹰感觉到自己的双翼有一股奇特的新力量，感觉胸腔里心正猛烈地跳着。它抬头看着老鹰的时候，一种想法出现在心中："我和老鹰一样。养鸡场不是我待的地方。我要飞上蓝天，栖息在山岩之上。"

它从来没有飞过，但是它的内心里有着鹰的力量和天性。它展开了双翅，飞升到一座矮山的顶上。极为兴奋之下，它再飞到更高的山顶上，最后冲上了蓝天。到了高山的顶峰，它发现了自己的伟大。

人生是依靠强烈的自信支撑起来的，一旦我们失去了自信，就违背了自己的本性，不敢肯定一切，人生也就没有了根。我们会消极、迷惘，不知道自己该干什么，一遇到不利于自己的情势，就会畏难发愁，甚至逃避。结果，无论多么好的机会摆在你面前，你都抓不住，最终一事无成。

在我们奋斗的历程当中，你会发现有许多碌碌无为、一事无成的人，他们总是在告诉自己不能做这个、不能做那个，对自己没有信心，总是消极地认定那是不可能的。其实，每个人都有自己的优点和弱点，不一定别人走的路你也能走得通，不一定别人走不通的路，你就走不通。要对自己充满信心，无论遭遇多大的痛苦和磨难，只要认准目标，并用积极的心态去赞美自己的优点，相信自己是独一无二的，不胆怯，不畏缩，积极地挑战厄运，努力去突破自己，就一定会迎来希望的曙光。

我们应该觉悟到"天生我材必有用"，必有伟大的目的或意志寄予我的生命中，万一我不能充分表现我的生命于至善至美的境地、至高的程度，对于世界将会是一个损失。为了保护自己的自信心和成功信念，要学会赞美自己、鼓励自己，让自己的人生充满斗志。

方法二 / 敢于尝试别人不敢尝试的事

俗话说得好:"舍不得孩子套不住狼。"冒险精神,始终都是人类社会进步的最重要的动力,更是一种善于把握机会的高超能力。纵观古今中外无数的成功之人,他们之所以能有所成就,不是因为机遇青睐于他们,而是因为他们敢于冒险、善于抓住机遇。他们敢于打破常规,敢于尝试别人不敢尝试的事,所以他们提早一步抓住了机遇,这正是他们的聪明之处。但是他们也深知,冒险肯定会有风险,但风险的背后通常暗藏着机遇,风险越大,收益也会越大。如果做什么事情都要跟在别人的后面,从不敢冒一次险,这样的人又怎么会成功呢?

美国现代心理学之父威廉·詹姆斯说:"我们坚定不移的冒险精神,常常是取得胜利的唯一法宝。"也就是说,人的冒险精神作为一种愿望和自我确证,能产生超越自我的力量。

劳埃德是英国保险公司中名气最大、信誉最高、资金最雄厚、历史最悠久、赚钱最多的一家。它年承担保险金额为2670亿美元,保险费收入达60亿美元。

该公司一直坚守着:"在传统商场上争取最新形式的第一名"的信条。事实也是如此,劳埃德公司总是具有开拓创新精神,它总能敏捷地认识和接受新鲜事物。

1866年,汽车诞生,劳埃德公司在1909年率先承接了这一形式的保险。在还没有"汽车"这一名词的情况下,劳埃德公司将这一保险项目暂时命名为"陆地航行的船"。

1984年,由美国航天飞机施放的两颗通讯卫星曾因脱离轨道而失控,其物主在劳埃德公司保了 1.8 亿美元的险。劳埃德公司眼看要赔偿一笔巨款，就出资 550 万美元，委托美国"发现号"航天飞机的宇航员，在 1984 年 11 月中旬回收了那两颗卫星。经过修理之后，这两颗卫星在 1985 年 8 月被再次送入太空。这样，劳埃德不仅少赔了 7000 万美元，而且向他的投资者说明：卫星保险从长远看还是有利可图的。

真正具备成功素质的人，从来都相信命运靠自己掌握，他们敢冒风险，但他们同时也时刻在研究可能出现的后果。他们做自己所能做的一切，以提高获取回报的可能性。他们认真准备、制订计划，以获取成功。

而许多有高学历、有高技能的人，他们总担心失败，他们总会找出很多合理化理由，来使自己不去冒险。最后，他们一事无成。有的人总害怕困难，将一些很有意义的事推给了别人，但当别人成功后，他们又开始后悔，就像 99℃ 的水永远开不了，过着半红不黑的生活。而那些既有本事，又有探索精神的人则是理所当然的成功者。

1959 年，金庸 35 岁，抵港已 11 年了，他对自己这段时间的作为做了一个总结：

北上投效外交部失败；

婚姻失败；

唯写作武侠小说成功。

把这几件事综合起来看，写武侠小说应该是自己走的路。但是，在金庸看来，写武侠小说毕竟只是"副业"，在别人看来也许是成功的，但自己始终难抒己愿。而最让他难受的是，作为主业的编辑工作却因《大公报》的工作作风而使自己难以尽情施展抱负。那么，下一步该怎么走？

在别人看来，金庸坚持以写武侠小说作为自己的事业也是很不错的，但金庸选择了一条充满风险的行业：办报。

在香港有这样一句俗语：假如和人有仇，最好劝他办报，意指办报的风险极高。但金庸已经决定自立门户，说干就干。1959年5月20日，日后名声斐然的《明报》正式创刊了。

选择一项全新的、从未有过经验的行业自然有许多难处，对金庸也不例外。《明报》创刊之始他苦苦支撑，困境时报社只剩下他和另外一个员工。许多人都断言：《明报》不出半年即倒闭。但出人意料的是，《明报》不但支撑了下去，而且销量渐有上升，一步步打开了局面。

世界上恐怕没有人心甘情愿地去冒风险，因为风险常常会是失败的导火索。但是不冒风险，又怎么能抓住机会呢？任何领域的领袖人物——他们之所以能够成为顶尖人物，正是由于他们勇于面对风险。美国传奇式人物、拳击教练达马托曾经一语道破："英雄和懦夫都会恐惧，但英雄和懦夫对恐惧的反应却大相径庭。"

事实上，无论是工作还是生活，如果总是机械地重复，你又怎么能有新的收获呢？你应该清楚，生活并不是可以预先设计的，所以对于不可预知的未来，你没有必要担心惧怕，你应该具有敢为人先的冒险精神，打破你的规矩，突破你的闭锁，去体会冒险为你带来的快乐。

冒险与收获常常是结伴而行的。可以说，风险有多大，成功的机会就有多大。当我们的生活和事业处于一种难以突破的瓶颈时，可以这样问自己：我是要继续这样得过且过，还是要坦然接受风险，重新打造自己的人生？

方法三 / 在劣势中寻找优势

自身的缺陷往往是难以更改的事实，任何企图掩盖或回避缺陷的做法都可能引来消极的结果。其实，缺陷也是一种美，也是生命的一部分，只有正视缺陷，坦然地面对，并把它当作是奋斗的动力，以积极的心态去不断地超越缺陷，才能真正认识到自己生命的价值。

美国杰出的学者戴尔·卡耐基说过："一种缺陷，如果生在一个庸人身上，他会把它看做是一个千载难逢的借口，竭力利用它来偷懒、求恕；但如果生在一个有作为的人身上，他不仅会用种种方法来将它克服，还会利用它干出一番不平凡的事业来。"是的，只有抱定人定胜天的信心，在意识到自己缺陷的同时，能正确地评价自己，并克服先天的缺陷，把缺陷作为成功的资本，才能以自己强大的自信去争取完美的人生。

曾长期担任菲律宾外长的罗慕洛身高只有 163 厘米，他也像其他人一样，常常为自己个子低矮而自惭形秽。他甚至穿过高跟鞋，但这种方式只能令他心里不舒服，他感到那是在掩耳盗铃，于是便把高跟鞋彻底扔掉。后来，也正是因身材矮小促使他走向了成功，因而他说："我愿下辈子还做矮人。"

1935 年，罗慕洛应邀到圣母大学接受荣誉学位，并且发表演讲。同一天，高大的罗斯福也是演讲人之一。事后，罗斯福含笑对罗慕洛说："你抢了美国总统的风头。"

1945 年，联合国创立会议在旧金山举行。罗慕洛以无足轻重的菲律宾代表团团长身份，应邀发表演说。讲台几乎和他同样高。等大家都安静下来，罗慕洛庄严地说："我们就把这个会场当作最后的战场吧。"这时，全场陷入了静默，接着爆发出一阵热烈的掌声。最后，他以"维护尊严、言辞和思想比枪炮更有力量……唯一牢不可破的防线是互助互谅的防线"结束了这次演讲。全场掌声久久不息。

事后，他分析："如果是高个子讲这些话，听众可能礼貌地鼓一下掌。但菲律宾那时离独立还有一年，自己又是矮子，由我来说，就会收到意想不到的效果。"

就从那时起，小小的菲律宾就开始在联合国慢慢有了一席之地。也正是从那时起,罗慕洛认识到了矮个子比高个子更有着某方面的优势一旦爆发,就会一鸣惊人。

做人最大的乐趣在于通过努力去获取我们想要的东西,所以有缺陷意味着我们可以进一步完美,有匮乏之处意味着我们可以进一步完善。当一个人什么都不缺的时候,他的生存空间就被剥夺掉了。如果我们每天早上醒过来,感到自己今天缺点儿什么,感到自己还需要更加完美,感到自己还有追求,那是一件多么值得庆幸的事!

人生最大的挑战就是挑战自己。人有了信心,就会产生意志,就具备了敢于挑战自己的素质。人与人之间,弱者与强者之间,成功与失败之间最大的差异就在于意志的差异。人一旦有了意志的力量,就能战胜自身的各种弱点和缺陷。

有一个叫黄美廉的女子,是一位先天性的脑麻痹患者。这种病的症状十分惊人,因肢体失去平衡感,手足便时常乱动,眯着眼、仰着头、张着嘴巴、口里念叨着模糊不清的词语,模样非常怪异。这样的人其实已失去了语言表达能力,不亚于哑巴。但黄美廉没有放弃自己,硬是靠着顽强的意志和毅力,不仅在美国南加州大学拿到了艺术博士的学位,还到处办自己的画展,依靠手中的画笔和良好的听力来抒发内心的情感。

在一次讲演中,一个不懂世故的青少年这样提问:"黄博士,你从小就长成这个样子,你会认为老天不公吗?在人生的旅途上,你有没有怨恨?请问你怎么看你自己?"

对于一位残疾人士来说,这个问题显得那么尖锐和苛刻,大家唯恐黄美廉博士因此感到难堪,会刺伤她的心。但是,黄美廉博士只是微微一笑,转过身来,用粉笔在黑板上写出了这样的答案:

一、我好可爱。

二、我的腿很长、很美。

三、我的爸爸妈妈很爱我。

四、我会画画,我会写稿。

五、我有一只可爱的猫。

六、还有很多的生活方式让我热爱……

最后,她以一句话作结论:"我只看我所有的,不看我没有的!"

无论是先天或因后天而造成的身体缺陷,都是人们所无法选择的,但积极的心态却能战胜无法回避的缺陷。因此,要学会面对自己,对自己要充满自信,不要因为自己的缺陷而看轻自己,要尽力发挥自己的优势,多往好的方面想,就能增强信心、充满活力,看到生活的希望。

心态对人前途的影响是巨大的。一个人只有拥有积极的心态,乐观地看待自身的缺陷,超越自身的缺陷,并为自己的勇气而感到由衷的快乐。只有这样才能无惧生活中的困难,才能始终坚定地为自己的理想而努力。

方法四 / 无论何时都不放弃努力

漫长的人生道路犹如一条条射线,尽管会遇到许许多多、大大小小的困难与挫折,但是我们一定要有勇往直前的信心,去迎接一个个困难,挑战一个个困难。在理想的指引下,忽略一切枝节问题的纠缠,尽可能以坚定的步伐冲向前方。

在遭遇困厄的时候,首先要认识到正视现实是我们最好的选择,逃避现实只会使我们的境况变得更糟。当我们想要抱怨的时候,当我们想要唉声叹气的时候,当我们想要指责命运不公时,我们先给自己提个醒吧:应该试着正视一下现实,说不定会发现它是一个纸老虎呢,即使是个真老虎,我们也可以想想办法,不管结果如何,总比坐以待毙要强得多。

第二篇　怎样修炼好心态

在 1914 年一个冬天的晚上，大发明家爱迪生的实验室在一场大火中化为灰烬，损失超过 200 万美元。在短短的一个晚上，爱迪生一生的心血在浓烟滚滚的大火中付之一炬。

在大火猛烈燃烧的时候，爱迪生的儿子在浓烟中发疯似的寻找父亲，他看见父亲正平静地看着火中的实验室。当爱迪生看见儿子时对他大声嚷道："查理斯，你母亲去哪里了？去，快去把她给找来，她这辈子恐怕再也见不到这样的场面了。"

第二天清早，爱迪生看着一片废墟说道："灾难自有它的价值，瞧！我们以前所有的错误都被大火烧得一干二净，感谢上帝，这样一来我们又可以从头再来了。"

火灾刚过 3 周，六十多岁的爱迪生就开始着手推出世界上的第一部留声机。

无论如何，灾难已经发生，不管我们如何痛心疾首，它已是不可逆转的了。面对眼前的废墟哭泣，只能使我们陷入更加悲惨的境地。在这个世界上，有许多人总是与成功失之交臂，根本原因就在于他们对境遇的好坏存在太强的依赖之心，一旦遭受任何打击，他们就开始怀疑自己的能力和运气，轻而易举地缴械投降。我们要改变命运，这种心态首先要变。

正视现实并设法改善是一种非常好的习惯，我们要经常提醒自己去这样做。不论你遇到的是什么事，你都可以体验一下正视现实并设法改善会产生多么好的效果。这种体验是令人激动和兴奋的，你将感到一种无所畏惧的豪迈；反之，即使机会就在你面前，你怀疑和失望的情绪也会剥夺你的好运气。

1929 年下半年的某一天，美国青年奥斯卡在中南部的俄克拉荷马州首府俄克拉荷马城的火车站等候往东边去的火车。他在气温高达 43℃的西部沙漠地区已经待了好几个月，那时他正在为一个东方的公司勘探石油。奥斯卡毕业于麻省理工学院，据说他已把旧式探矿杖、电流计、磁力计、示波器、电子管和其他仪器组合成勘探石油的新式仪器。现在奥斯卡得知，他所在的公司因无力偿付债务而破产了，奥斯卡踏上了归途。他失业了，前景相当暗淡，消极的心态在一开始就极大地影响了他。由于他必须在火车站等待几个小时，他就决定在那儿架起他的探矿仪器用以消磨时间，他突然发现仪器上的读数表明车站地下蕴藏有石油，但奥斯卡不相信这一切，他在盛怒中踢翻了那些仪器。"这里不可能有那么多石油！这里不可能有那么多石油！"他十分反感地反复叫着。

奥斯卡由于失业的挫折，深受消极心态的影响，他一直寻找的机会就躺在他的脚下，但是他不肯承认，他对自己的创造力失去了信心。那天，奥斯卡在俄克拉荷马城火车站登上火车前，把他用以勘探石油的新式仪器毁弃了，他也丢掉了一个全美最富饶的石油矿藏地。

不久之后，人们就发现俄克拉荷马城地下埋有石油，甚至可以毫不夸张地说，这座城就浮在石油上。

对自己充满信心，是成功的重要原则之一。检验你的信心如何，要看在你最需要的时候是否应用了它。奥斯卡由于心中没有蕴藏着自信，所以他就发现不了近在咫尺的矿藏。

梁启超说过："凡任天下大事者，不可无自信心。每处一事，既看得透彻，自信得过，则以一往无前之勇气赴之，以百折不挠之耐力持之。虽千山万岳，一时崩溃而不以为意；虽怒涛惊澜，蓦然号于脚下，而不改其容。"由此可见，自信是成功的先决条件。信心是一种人格特质，也是一种平静稳定的心理现象，更是一个人成就自己的美德。有大信心者，就会有大成功；有小信心者，只能有小成功；没有信心者，则没有成功。

第十一章
修炼坚韧心态的五个方法

方法一 / 在忍耐中积极地蓄积力量和资本

一个人的成功,要看他的志向有多大,也要看他在确立一个目标之后,在走向成功的路上,以何种心态应对困境。面对那些棘手的问题时,你会怎么做呢?是心灰意懒逃之夭夭,还是以坚强的毅力,争取啃下这块硬骨头?

如果身陷困境时,你心灰意懒,放弃了前进的方向,你必须付出高出平时几倍的耐力和斗志才可能挽回自己的不利处境。所以不管遇到什么样的挫折,我们都不应该逃避,而要坚忍不拔地走下去。其实,生活中大部分事情总会有办法来解决的,只有你的耐力和勇气逐渐强大起来,那些困难和障碍才会显得微不足道。你的忍耐力越强,你得到的收获就会越大。

有一个小女孩,居住在纽约州的一个小镇上。从很小的时候起,她就有一个愿望:长大以后要做一名出色的演员。邻居和亲友听后都一笑置之,认为她的理想不过是小孩不切实际的空想而已。

然而,她却为了自己的理想不懈努力。18岁那年,她考入纽约市的一所艺术学校。在学校里,她毫不懈怠,仍刻苦学习,坚信自己能够成为一名好演员。但是,她的成绩并不尽如人意,因为在这所学校里有那么多天资聪明的优秀学生。

三个月过去了,学校给女孩的母亲写了一封信:"学校为曾经培养出许多一流的男女演员而骄傲,可是,我们从未接受过像您女儿一样缺乏艺术天赋和才能的学生,她不能再在本校学习了!"

女孩不甘心就这样被踢出校门,不甘心就这样放弃自己的理想。后来的两年中,为了生计,她在纽约城干杂活,当女招待和寄存处的服务员等。在工作之余,她申请参加剧院的彩排,而且彩排没有一文报酬。即使这样,演出老板总是在公演前一天晚上对她说:"你缺乏艺术细胞,也没有什么表演才能,你走吧!"

两年之后,她得了肺炎,病魔搞垮了她的身体。因为付不起昂贵的药费,她只能住进一家医疗条件很差的慈善医院。入院三个星期,医生告诉她,她可能再也不能行走了,肺炎使她腿上的肌肉萎缩了。

在这种悲惨的境况下,她不得不重返母亲所在的小镇。在母亲的鼓励之下,她坚信自己总有一天会重新走路。于是,母女俩在一位本地医生的帮助下,开始一项恢复腿部力量的计划。起先,在她的腿上加重20磅,双腿绑上夹板,她试着用拐杖支撑行走。刚开始,她经常摔倒,她的手臂经常被摔得惨不忍睹。然而,面对母亲含泪的双目,她总是强忍着剧痛,再一次微笑着站起来。每天,她都在不间断地练习。两年之后,她终于能够行走了。虽然走路时略有跛脚,但是她可以通过对身体的调节,让别人看不出来。

23岁那年,她重新回到纽约寻找自己的梦想。在以后17年的时间里,她一直未能够实现自己的心愿。直到40岁的时候,她才在一部影片中得到一个配角的角色。然而,她朴实的表演却打动了亿万观众的心灵。在此之后,她终于迎来了成功,成为美国乃至世界演艺界著名的人物,她就是露茜。

对成功者来说,任何委屈都不足以让他心灰意懒,相反更加能鼓舞士气,激发起一定要做成大事的欲望。对所有的人来说,希望和耐心是两剂有特效的自救药,也是人在患难中最可靠的依托和最柔软的依靠。确信无法突破的时候,首先要选择的是忍耐。

失败往往是不可避免的,每个人都有失败的经历,关键是看面对失败的态度。在无数的选择上,默默地忍耐无疑是最为明智、最为理智的选择与做法。当然,这种忍耐不是无所作为、没有一点成果的那种忍耐,不是自暴自弃的那种忍耐,更不是任凭命运安排的那种忍耐,而是不气馁、不屈服、从头再来的忍耐,是在忍耐中寻找新的时机,运用机会更进一步发展的忍耐,是在不断的学习中充实自己的忍耐,使自己的实力越来越强、更充满智慧的忍耐。你只要耐住性子,成功的喜悦就会很快走到你的面前。到此时,我们才能真正体会到忍耐的价值,才能意识到忍耐原来也是生存的能力。

有个年轻人去微软公司应聘,而微软公司并没有刊登过招聘广告。见总经理疑惑不解,年轻人用不太娴熟的英语解释说自己是碰巧路过这里,就贸然进来了。总经理感觉很新鲜,破例让他一试。面试的结果出人意料,年轻人表现糟糕。他对总经理的解释是事先没有准备,总经理以为他不过是找个托词下台阶,就随口应道:"等你准备好了再来试吧。"

一周后,年轻人再次走进微软公司的大门,这次他依然没有成功。但与第一次相比,他的表现要好得多,而总经理给他的回答仍然同上次一样:"等你准备好了再来试吧。"就这样,这个青年先后五次踏进微软公司的大门,最终被公司录用,成为公司的重点培养对象。

涉世之初的青年人,心怀远大抱负,都想轰轰烈烈地干一番事业。然而,纷纭复杂的现实世界并不像他们想象的那么美好。坎坷、荆棘和生活道路上横生的障碍让现实者吸取教训,采用迂回和缓的方法去战胜和超越;理想者则傲气不敛,锋芒毕露,小觑或无视生活有意无意设置的低矮"门框",其结果,只能被碰得头破血流,成为一个失败者。

忍耐是暂时容忍，最后必然会得到公平的待遇。忍耐是我们人生过程中，任何人都要经受的最困难的一件事，忍耐比做事要难得多。善于忍耐，积极积蓄力量和资本的人，更容易取得飞跃式的进步。顽强忍耐的人，跌倒了再爬起来，以极大的毅力和意志忍受着困苦，在艰辛中一步步地向前迈进。这样力量也在一次次的跌倒和爬起中不断增长。总有一天，忍耐会作为一颗夺目的钻石镶嵌到成功的金牌上，从此熠熠生辉。

方法二 / 困难面前敢于迎头而上

谁都不希望遭受打击，更不愿意陷入困境，但它们又常常不期而至，如失恋、离婚、竞争失利、遭受失败、工作失误及天灾人祸等，生活中无处不有、无人不遇，以至使人精疲力竭，甚至走投无路。因而，人们几乎普遍认为挫折、困境总是坏事，总在逃避着接踵而至的各种问题。

其实，许多时候事情不是到了无可挽回的地步，而是人们丧失了自信心，总把冲破困难的希望寄托在别人的身上，从不想一下：自己有无力量自救，能不能自救？还未战斗，已经自己把自己打败了的人，是无法做成大事的。

对"英皇集团"老板杨受成来说，每年的8月30日是一个非常重大的纪念日。数年前的这天，他一无所有，全身最有价值的就是一块手表。

事隔10年，已经拥有了10亿港元身价的杨受成在讲起这段经历时，心情很平静："那天，汇丰（银行）打电话给我，叫我立即去当时的汇丰总行。我到了那里，他们给了我一封信，说开会决定立即接管我的全部财产，包括所有公司、店铺、汽车、游艇、房屋。总之，除了我手上戴着的手表之外，什么都被接收掉，连钱包里的信用卡都要立即拿出来。"

— 第二篇 怎样修炼好心态 —

在这之前,年仅 40 岁的杨受成,已掌管了一家上市公司——"好世界市场高效有限公司"。杨受成春风得意,活跃在香港的钟表界、珠宝界、地产界以及股票市场。

然而天有不测风云,1982 年年初,香港地产业出现危机,在地产上押下了巨额赌注的"好世界投资有限公司"陷入了财务困境。汇丰银行除了接管他公司名下的物业、珠宝及钟表资产外,连他名下的私人财产也一并接管过去。

杨受成后来回忆说:"破产之后的巨大反差的确使人痛苦失落,倘若我的性格不够坚强,我早已看不开了。即使是这样,我仍然没有放弃的念头,我相信我会有翻身的一天。我想如果有重新出头的机会,我就一定要做好。起码要做些事给人看,我不是一跌倒就爬不起来的人;我是一个打不死的老兵。我要努力,比以前更勤奋,要夺回失去的一切东西。"

凭着这种不服输的信念,以抵押和借贷开始,杨受成的"宝石城珠宝有限公司"开业了。东山再起,数年之后,他的事业比之前更加辉煌,也更加稳健。

杨受成输得起,所以他永远都有赢的机会。这种笑傲商界的勇气并不是人人都有,更多的人会在失败的打击下一蹶不振。他们会想:"我失败了,我没脸见人了,我的前途再也没有光明了。"其实这里面只有失败是客观事实,而所谓灰头土脸和前途渺茫都来自弱者的想象。成功者的特征之一就是能尽快走出失利的阴影,不让它影响自己的情绪和信心。

对很多人来说,"失败"这个词有一种结束的意味。然而对于成功,失败是个开始,是重新努力的跳板。无论你已经失败了多少次,只要坚持最终的胜利,我们所拥有的依然是成功的人生历程。

布朗是美国一位最成功的电影制片家,但却先后被三家公司革职。这时,他才体会到大机构生活对他不合适。他在好莱坞晋升为 20 世纪霍士公司第二号人物，后来建议摄制《埃及妖后》，不料这部影片卖座奇惨。接着公司大裁员，他也被裁掉了。

在纽约，他在新阿美利坚文库任编纂部副总裁，但是几位股东聘请了一位局外人，而他和这人意见不合，于是又被开除。

回到加州，他又进了20世纪霍士公司，在高层任职6年，不过董事局不喜欢他所建议拍摄的几部影片，他又一次被革职。

布朗开始仔细检讨自己的工作态度：他在大机构做事一向敢言、肯冒险，喜欢凭直觉处事，这些都是当老板的作风；他痛恨以委员会的方式统筹管理，也不喜欢企业心态。

分析了失败的原因之后，布朗自立门户，摄制了一系列受人欢迎的影片，如《大白鲨》、《裁决》、《天茧》等。

布朗作为公司行政人员确实很失败，但他天生是个企业家，只是过去干了不适合自己的工作、一时没有发挥潜力而已。

其实，真正的救世主不是别人，而是自己。在困难和挫折面前不要逃避，而是要勇敢地面对现实。凭着自己良好的心态去战胜困难，成为生活的强者。

你无论身陷何种困境，都不应该放弃自己的信念。倘若抱着敷衍塞责的态度，走到哪里算哪里，那么结果只能是失败。与其消极地去逃避，不如坚守自己的信念，理智地应对眼前所面临的挫折和尴尬。相信自己的实力，努力寻找正确的突破口，力争克服它，解决它。其实，任何问题都不可以小觑，每一个难题都有办法解决。

成功者能坦然地面对挫折，冷静地分析挫折的成因，自觉地以乐观向上的态度、坚定的信心以及顽强不屈的意志和毅力去战胜挫折，使人生获得一次次超越。是挫折使他们变得强大，是挫折使他们成为强者。

方法三 / 紧盯目标，跌倒爬起

很多伟大人物成功的历程都是一样的，跌倒了，爬起来，再跌倒，再爬起来，只不过他们跌倒的次数比爬起来的次数要少一次，而平庸者跌倒的次数只不过比爬起来的次数多了一次而已。最后一次爬起来的人，人们就把他们叫作"成功者"。

在人生的旅途中，你必须以平静的心态来面对失败，把失败看作成功的垫脚石。唯有如此，你才不会被挫折击垮，被失败所伤。但失败对人毕竟是一种"负面刺激"，总会使人不愉快、沮丧、自卑，那么如何面对失败，在失败时如何解脱，就成为能否战胜失败，走向成功的关键。

科尔曾经是一家报社的职员，他刚到报社当广告业务员时，对自己充满了信心。他向经理提出不要薪水，只按广告费提取佣金。

然后，他列了一份名单，准备去拜访被认为是"极其难缠"的客户。去拜访这些客户前，科尔把名单上的客户各念了10遍，然后对着这份客户名单说："在本月之前，你们将向我购买广告版面。"

第一天，他和20个"不可能的"客户中的三个达成了交易；第一个星期的另外几天，他又成交了两笔交易；月底，20个客户中只剩下一个没有买他的广告。

第二个月，科尔没有去拜访新客户。每天早晨，那个拒绝买他广告的客户的商店一开门，他就开始做那位商人的思想工作，而对方每次都毫不客气地回答他："不！"然而科尔并不认输，坚持继续前去拜访。

这天是第二个月的最后一天，那位商人说："你已经浪费了一个月的时间来请求我买你的广告。我现在想知道的是，你为何要坚持这样做？"

科尔说:"我并没浪费时间,从小,我的母亲就告诉过我,如果你想要成功,就必须记得,从哪里跌倒,就从哪里站起来。只有凭借这样坚持不懈的精神,你才能赢得最终的胜利。所以我要谢谢你,给了我这个锻炼自己的机会。"

那位商人点点头,对科尔说:"我要向你承认,你也教会了我这一课。对我来说,这比金钱更有价值,为了向你表示我的感激,我要买你的一个广告版面,当做我付给你的学费。"

跌倒了并不可怕,可怕的是跌倒之后爬不起来,尤其是在多次跌倒之后失去了继续前进的信心和勇气。俗话说:"胜败乃兵家常事。"跌倒怕什么?多次的跌倒之后,人的抗摔能力便会增强。不管经历多少次的跌倒,内心都要依然火热、镇定和自信,以屡败屡战和永不放弃的精神去面对挫折和困境,失败中常孕育着成功的果实。

据一项心理学统计,一个普通的人可以忍受被拒绝和失败的次数通常以三次为限。但是一个成功的人,他可以忍受失败的次数,应该是几次?

答案是:无数次!

美国最伟大的总统林肯坚信:"上帝的延迟,并不是上帝的拒绝。"成功就是屡败屡战,然后从每一个失败中学习,把每一次的失败经验,当成自己下一次成功的资本。

1832年,亚伯拉罕·林肯失业了,这显然使他很伤心,但他下决心要当政治家,当州议员,糟糕的是他竞选也失败了。在一年里遭受两次打击,这对他来说无疑是痛苦的。他着手自己开办企业,可一年不到,这家企业又倒闭了。在以后的17年间,他不得不为偿还企业倒闭时所欠的债务而到处奔波,历尽磨难。

1835年,林肯订婚了,但离结婚还差几个月的时候,未婚妻不幸去世。这对他的打击实在太大了,他心力交瘁,数月卧床不起。1838年,他觉得身体状况良好,于是决定竞选州议会议长,可他又失败了。1843年,他又参加竞选美国国会议员,但这次仍然没有成功。

林肯虽然一次次地尝试,但却是一次次地遭受失败:企业倒闭、未婚妻去世、竞选败北,但他没有放弃。1848年,他又一次竞选国会议员,但结果很遗憾,他落选了。因为这次竞选他赔了一大笔钱,他申请当本州的土地官员。但州政府把他的申请退了回来,上面指出:"要成为本州的土地官员要求有卓越的才能和超常的智力,你的申请未能满足这些要求。"

然而,林肯没有服输。1854年,他竞选参议员,但失败了;两年后他竞选美国副总统提名,结果被对手击败;又过了两年,他再一次竞选参议员,还是失败了。

在林肯大半生的奋斗和进取中,有9次失败,只有3次成功,而第3次成功就是当选为美国的第十六届总统。

屡次的失败并没有动摇林肯坚定的信念,而是起到了激励和鞭策的作用。面对失败,林肯没有退却、没有逃跑,而是始终以充分的信心向命运挑战,所以迎来了辉煌的人生。

"锲而舍之,朽木不折;锲而不舍,金石可镂。"人生最大的成功,不在于永不失败,而在于他是否被打倒了多次,还能立刻站起来继续投入战斗。只要他还有爬起来的勇气,他就没有被打败。

不断失败的过程,其实就是不断避免失败的进程。只要你在每次失败的经历中汲取失败的经验和教训,用心总结出失败的原因,并在此后的行动中避免这些问题的出现,那么你的行动一定会一步一步越来越趋于完善。其实,这个世界上没有什么障碍是不能逾越的,只要你能做到屡败屡战,越挫越勇,坚持不懈,勇敢地奋斗,就会走向成功。

方法四／把痛苦当作生命中的一笔财富

甜能给人带来瞬间的愉悦,但来得快去得也快,不易给人留下深刻的印象;而苦中的滋味却要慢慢咀嚼才能品出真味,就像青橄榄的苦涩,细细品味才能苦后回甘,因而,它是余味绵长的。其实,我们的人生之旅又何尝不是如此呢?回首过去,能刻骨铭心留在记忆里的是痛苦。如果没有曾经的苦,就不能有今日的甘甜,苦并不是自己的敌人,它和人的一生相伴相随,是须臾不可分离的诤友。因为有了痛苦,我们的人生才变得多姿多彩,我们的精神才变得坚韧敏锐。

人生并非总是绚烂多彩的朝霞,有成功也有失败,有幸福和欢笑,也有痛苦和折磨,人人都希望成功,人人都厌恶失败,可是失败是不可避免的,给人带来的痛苦也是巨大的。其实,失败是一道菜,一道难以下咽的苦菜,但你要把它吃下去。当苦苦追求的事业屡受挫折,你便知道了人间的苦涩。你徘徊、你失落,甚至想放弃,但你也会意识到许多事由不得你,失败不过是酸甜苦辣的人生中的一碟小菜。

一天,通用公司要裁员,名单中有内勤部办公室的艾丽和密娜达。按规定一个月之后她们必须离岗,当时她俩的眼圈都红了。

第二天上班,艾丽的情绪仍非常激动,跟谁都没有什么好声气,仿佛吃了枪药。她不敢找老总去发泄,于是就跟主任诉冤,找同事哭诉:"凭什么把我裁掉?我干得好好的……这对我来说太不公平了!"

她声泪俱下的样子,让人既同情,又不知该怎样劝慰她,而她也只顾着到处诉苦,以至于她的分内工作:订盒饭、传送文件、收发信件等都不再过问了。

她原本是个很讨人喜欢的人,但现在她整天气愤愤的,许多人都开始有些怕和她接触,躲着她,后来就有点厌烦她了。

密娜达与她不同,在裁员名单公布后,虽然哭了一晚上,但第二天一上班,她就和以往一样地干开了。由于大伙不好意思再吩咐她做什么,她便主动向大家揽活,面对大家同情和惋惜的目光,她总是笑笑说:"是福跑不了,是祸躲不过。反正这样了,不如干好最后一个月,以后想干恐怕都没机会了。"每天,她仍然非常勤快地打字复印,随叫随到,坚守在自己的岗位上。

一个月后,艾丽如期下岗,而密娜达却被从裁员名单中删除,留了下来。主管当众传达了老总的话:"密娜达的岗位,谁也无可替代,密娜达这样的员工,公司永远不会嫌多!"

在我们的生活之路上,谁都难免会经历磕磕绊绊,面对痛苦不要消沉,更不要萎靡不振,要以积极的心态来对待痛苦、对待命运对你的考验。

在痛苦中获得幸福,对于常人而言是难以做到的。人人都在努力地寻求快乐,而没有人寻求痛苦、理解痛苦,更谈不上珍惜痛苦。成功的人在痛苦来临时,会享受痛苦,学会了在痛苦中顽强地生存,在烈火中磨砺意志,历练完美的人生;而失败的人,会因痛苦的来临一蹶不振,打击可能是致命的。如果明白享受痛苦的人生真谛,那么无论处在怎样的逆境当中,都可以有一个明朗的心境,以一颗豁达的心,来应对一切突如其来的不幸。

有一个男孩,出生在一个贫困的小山村里,他从小就有一个志向,希望通过自己的努力来改变命运。

在他刚升入县城一中的时候,他的父亲便病故了。当时,他产生了退学的念头,帮助母亲一起承担家庭的重任,照顾好妹妹。然而,当他在母亲面前说出自己的决定时,从未打过他的母亲,竟狠狠地扇了他一耳光。

为了供他念书,母亲省吃俭用,在连续五年多的时间里,从未添置过一件新衣服。这个男孩很争气,三年之后,他以优异的成绩,考进了省城一所有名的电子专科大学。

上大学之后,那个男孩为了能够减轻家庭的负担,在休息日,便利用自己的专业特长,到电子信息城的一些公司打工。

在三年的假期里,他只回家过一次。也就是在那次回家时他用打工挣来的钱,为母亲买了一件上衣。当母亲穿上那件新衣服的时候,忍不住哭了。他和妹妹,也失声哭了起来。尽管平时,他是那么强烈地想念母亲和妹妹,但是为了能够节省下路费而放弃了回家,另外他还可以借放假这段时间,为一些电子科研公司做推销员。

大学毕业之后,他应聘进入一家科研公司工作。他出色的工作业绩,深得公司老板的赏识。四年之后,已积累了丰富经验的他,毅然从那家公司辞职,独自出来创业。而三年之后,在他的努力打拼之下,他的公司固定资产已过千万,手下有300余名员工。

在人的一生中,痛苦和欢乐是交替出现的。当痛苦降落到你面前的时候,只有勇敢地面对,并坦然地接受。痛苦在折磨一个人的同时,往往会使这个人的意志变得愈加坚强,生活积累愈加丰厚。要学会享受痛苦,这样,无论在多么艰难困苦的时候,都能应付自如、游刃有余。对于你的一生,痛苦将是一颗宝贵的珍珠!

痛苦的磨难是人生富贵的财富。生活道路上没有阻力,人的价值就体现不出来;旅途上没有艰险,人生就没有滋味。生活是不断变化的,它有时会用痛苦和你开一个玩笑,来考验你的意志。"天将降大任于是人也,必先苦其心志,劳其筋骨,饿其体肤,空乏其身……"此句流传千年的古训,所阐述的就是这个道理。

永远保持一颗能够感受伤痛的心。面对痛苦,不要惊慌失措,就算生活使我们经受一次又一次伤痛,又能将我们如何?太阳不是照常从东方升起,我们不是照样有滋有味地品味人生?要知道,痛苦是生命给我们的一笔笔财富,我们有什么理由不将其收入囊中?每一颗鲜润的果实,都要经历风吹雨淋,既然在这个世界上生存,就应在痛苦中寻求快乐。要享受快乐,首先要学会享受痛苦。快乐来之不易,痛苦同样值得我们珍惜,在痛苦中,我们长大,我们成熟,我们学会坚强、隐忍,我们懂得什么是快乐的源泉,我们要在痛苦中享受快乐,在痛苦中臻于人生真境。

方法五 / 正视失败,逆境中学会坚持

人生犹如登山,初始时分的路总是比较顺畅,而在不断行进的过程中,各种各样的艰难险阻会陆续来到你身边,阻碍你的行程,企图使你望而却步,尤其是到了胜利在望、目标在前的时候,你极有可能会更加激动,或者过于急躁,剩下几步路便显得越发难走了。所谓行百里者半九十,如果没有强烈的前进信念支撑着你,最终只能前功尽弃,难以登上成功的巅峰。

一个真正想在社会上有所作为的人,是不会惧怕磨难的。一个人若经历过磨难的洗礼,意志反而会变得更坚强,志向变得更高远。只有经历过磨难,你才会发现它们如同金子一般珍贵。

失败并不可怕,可怕的是没有正视失败、再来一次的勇气,也许下一次的尝试就蕴含着成功。只要你还在坚持,就没有人可以断言你不会成功。罗纳德·皮尔曾经给别人讲过自己的亲身经历:

每当我失意时,我母亲就这样说:"最好的总会到来,如果你坚持下去,总有一天你会交上好运。并且你会认识到,要是没有从前的失望,那是不会发生的。"

母亲是对的,当我于1932年大学毕业后,我发现了这点。我当时决定

试试在电台找份工作,然后,再设法去做一名体育播音员。我搭便车去了芝加哥,敲开了每一家电台的门——但每次都碰了一鼻子灰。在一个播音室里,一位很和气的女士告诉我,大电台是不会冒险雇用一名毫无经验的新手的。"再去试试,找家小电台,那里可能会有机会。"她说。我又搭便车回到了伊利诺斯州的迪克逊。虽然迪克逊没有电台,但我父亲说,蒙哥马利·沃德公司开了一家商店,需要一名当地的运动员去经营他的体育专柜。由于我在迪克逊中学打过橄榄球,于是我提出了申请。那工作听起来正适合我,但我没能如愿。

我失望的心情可想而知。"最好的总会到来。"母亲提醒我说。父亲借车给我,于是我驾车行驶了 70 英里来到爱荷华州达文波特的 WOC 电台。节目部主任是位很不错的苏格兰人,名叫彼特·麦克阿瑟,他告诉我说他们已经雇用了一名播音员。当我离开他的办公室时,受挫的郁闷心情一下子发作了。我大声地问道:"要是不能在电台工作,我又怎么能当上一名体育播音员呢?"

我正在那里等电梯,突然我听到了麦克阿瑟的叫声:"你刚才说体育什么来着?你懂橄榄球吗?"

接着他让我站在一架麦克风前,叫我凭想象播一场比赛。前一年秋天,我所在的那个队在最后 20 秒时以一个 65 码的猛冲击败了对手。在那场比赛中,我打了 15 分钟。回想当时的情形,我激动地描述着每一个场景。之后,彼特告诉我,我将主播星期六的一场比赛。

人在一生中会经历大大小小的磨难。磨难有如人生道路上的筛子,它让强者通过,它把弱者截留。有诗说:"困难像弹簧,看你强不强;你强它就弱,你弱它就强。"安身立命,必须修养和铸造自己不怕困难、知难而进的品格。要想在困难面前成为强者,就要具有蔑视困难、进击困难的挑战性,越是困难越向前,坚持不懈,百折不挠。

第二篇　怎样修炼好心态

失败者的悲剧，就在于被前进道路上的迷雾遮住了眼睛，他们不懂得坚持一下，不懂得再朝前跨越一步，前方的道路就会豁然宽广，希望的灯标又会在前方熠熠闪烁。他们在最需要下大力气、毫不懈怠花费精力的那一刻，却停止了努力。结果，他们在距离成功之前的那一刻，颓然倒下了。其实，这是自己打败了自己，因而也就失去了应有的荣誉。

有一个女孩对足球十分痴迷，一个偶然机会，她被父亲送到了体校学踢足球。

在体校，女孩并不是一个很出色的球员，因为此前她并没有受过规范的训练，踢球的动作、感觉都比不上先入校的队友。女孩为此情绪一度很低落。这时，职业队也经常去体校挑选后备力量，每次选人，女孩都卖力地踢球，女孩总是没有被选中，而她的队友已经有不少陆续进了职业队，没选中的也有人悄悄离队。于是，这个女孩便去找一直对她赞赏有加的教练，教练总是很委婉地说："名额不够，下一次就是你。"天真的女孩似乎看到了希望，又树立了信心，努力地接着练了下去。一年之后，凭着女孩的刻苦努力，终于收到了职业队的录取通知书。她激动不已，马上就去球队报了到。

在职业队受到良好的而又系统实战训练后，女孩充满信心，她很快便脱颖而出。这个小女孩就是获得20世纪世界最佳女子足球运动员的中国球星孙雯。后来，孙雯讲述这段往事时，感慨地说："一个人在人生低谷中徘徊，感觉自己支持不下去的时候，其实就是黎明的前夜，只要你心中总是充满希望，坚持一下，再坚持一下，前面肯定是一道亮丽的彩虹。"

决不放弃，勇敢坚持，它来自人的毅力。毅力是人类最可贵的财富，在走向成功的路上，没有任何东西能代替毅力。我们常常发现有许多人在做事之初都能保持旺盛的斗志，然而，往往到最后那一刻，顽强者能咬紧牙关坚持到胜利；而懈怠者在这时放弃了希望，失去了自己应有的成功。

人生的真谛在于拼搏，不懈奋斗是我们永远追求的目标。的确，无论我们做什么事，要取得成功，坚持不懈的毅力和持之以恒的精神是必不可少的，它将是我们取得成功的法宝。歌德用激励的语言这样描述坚持的意义："不苟且地坚持下去，严厉地鞭策自己继续下去，就是我们之中即使最微不足道的人这样去做，也很少不会达到目标。因为坚持的无声力量会随着时间而增长，到没有人能抗拒的程度。"

　　不因一时的挫折停止尝试的人，获得成功的概率也就越大。逆境中能找到顺境中所没有的机会。处于逆境，陷于困苦时，你更要学会坚持，不要气馁和轻易放弃，许多时候只需要我们再多坚持一分钟。

第十二章
修炼宽容心态的四个方法

方法一 / 抛开心中的冷漠，微笑面对他人

　　孤独的人常表现为独往独来、离群索居，对他人怀有厌烦、戒备和鄙视的心理；凡事与己无关、漠不关心，一副自我禁锢的样子；如果与人交往，也会缺少热情和活力，显得漫不经心、敷衍了事。有时看上去似乎也很活跃，但常给人一种做作的感觉，仿佛有点神经质，因而人都不愿主动与之交往，不得不与之相处时，也会有如坐针毡之感。

　　孤独心理是一种不健康的心理状态，有这种心态的人多半是因为小时候生活在缺乏爱、温暖和理解的家庭中。另外，生活中突如其来的灾难，孤僻的性格，不能正确地看待人际关系等都容易造成人的孤独心态。如果一个人长期生活在孤独之中，那么他的心理健康可能会受到威胁，心理也会提前老化。心理孤独的人一般都没有知心的朋友，他们内心苦闷时无人诉说，碰到困难时无人伸出援助之手，他们总觉得生活是一件非常艰难的事情，容易产生悲观情绪。

　　35岁的杨先生，到目前为止，已经遭受了很多痛苦。他的第一个妻子因生病而早早地离开了他。后来，他的第二任妻子因为和他性格不合又离婚了，他现在是单身一人。他原先家境也不错，后来做生意赔了好多钱。朋友看他可怜，就给他介绍了现在的这份工作——在一个私人企业上班。他

经历的那一连串的不幸，使得他变得越来越冷漠。每天在单位里，他总是低着头，很少和同事说话；看到同事有困难，他也从不主动帮忙，即使别人开口请他帮忙，他也总是无动于衷，显得毫无同情心，总是找这样或那样的借口推辞；单位开会的时候，他总是找一个角落坐下，一言不发……他觉得自己好像和别人生活在两个世界里，他没有办法和别人进行正常的交往，他对生活也失去了信心，觉得活着真没意思。

冷漠是一种消极的心态。一个人冷漠的原因通常是心灵受到了某种伤害，受人欺骗、遭人暗算等都有可能导致一个人变得冷漠起来。正是由于这些原因，他们在人际交往中往往戴上灰色眼镜看待人生，逐渐失去了应有的热情和同情心，变得麻木不仁。

生活会用种种方式给人以重压，使人消极悲观。在这种情况下，培养积极的心态是非常必要的。生活态度是人格的温度控制器，其好坏足以影响人生的成败。积极的人生态度是迈向成功的跳板，也是善待自己的第一步；积极的人生态度是成功的催化剂，它使人的性格变得活泼，使人充满进取精神，充满冲劲和抱负，即使遭遇困难，也可以获得周围人的帮助，从而战胜困难。

一天，一个乞讨的小男孩来到一户人家，开门的是一位年轻美丽的女子，当他看到这位年轻美丽的女子时，却有点不知所措了。他没有要饭，只向她乞求一口水喝。这位女子看到他很饥饿的样子，十分同情他，就送他一大杯牛奶喝。男孩慢慢地喝完牛奶，问道："我应该付多少钱？"年轻女子回答："一分钱也不用付。我妈妈教导我们，施以爱心，不图回报。"男孩说："那么，就请接受我由衷的感谢！"说完，男孩离开了这户人家。此刻，他感到自己浑身充满了力量，一股男子汉的豪气顿时迸发出来。

数年之后，那位年轻美丽的女子得了一种十分罕见的重病，当地的医生对此束手无策，她被转到大城市医治，由专家会诊治疗。如今，那个小男孩已是一位大名鼎鼎的医生了,他参与了这次医治。当他来到病房,一眼就认出在床上躺着的病人就是曾经帮助过他的恩人。他回到办公室,暗暗下了决心:"我一定要竭尽所能治好恩人的病。"从那天起。他就特别关照这个病人,经过艰辛努力,手术成功了,手术花去巨额的医疗费,他毅然在高额的医药费通知单上面签上字。

当医药费通知单送到这位特殊病人的手中时,她看到医药费通知单旁边写着一行小字:"医药费是一杯牛奶。"

人都是有感情的,当你真心帮助别人的时候,别人也会因你的言行而感动,给予你同样真诚的回报。只有为对方着想才能赢得别人的信任,才能赢得别人的尊重,才能赢得别人的真诚与友谊。一个只为自己的利益着想的人,是不可能赢得别人的尊重和友谊的。这种人是孤独的,因为他没有真正的朋友。

为对方着想可以树立良好的个人形象,可以培养令人景仰的个人魅力,可以为人生赢得良机。

能够与人融洽相处的人是一个快乐的人、一个大度的人、一个与人为善的人。其实,帮助他人消除烦恼、帮助他人消除疾病、帮助他人征服困难、帮助他人走出某些消极的困境……当你积极主动地关心和帮助别人,你的生活会变得更加完美和充实。

请珍惜每一次与别人相处的机会,学会微笑,不要板着面孔。抛开心中的冷漠,微笑会使你魅力散发,会令对方更容易记住和欣赏你,可以为自己的事业赢得更多机会。

方法二 / 以平和的心态对待他人的错误

相信大部分人在生活中都会遇到一些令自己伤心、痛苦甚至愤怒的事情，这些伤害或来自朋友，或来自家人，又或来自同事。许多人经历这些事情时都会有或多或少的委屈和不甘，甚至陷入深深的怨恨中不能自拔。那是一种有苦说不出来的痛，是一种久久无法释怀的苦，是一种无以言表的悲哀，是一种欲说还休的无奈。

在待人接物之中，度量的大小将直接影响到人与人之间的关系能否顺利进展。天下没有完人，即使智者也会有犯错误的时候。因此，你不应该因为别人的一次过失，便看不起他，甚至在内心将其置于一种"永不超生"的境地。在别人犯了错误，尤其是涉及你的利益时，能否以一种宽容的态度来对待，是衡量一个人素质高低的标准。宽容别人的错误，使其有更多改正的机会，你也会因此变得更加充实。

二战期间，一支部队在森林中与敌军相遇，激战后两名战士与部队失去了联系。

这两名战士来自同一个小镇。两人在森林中艰难跋涉，他们互相鼓励、互相安慰，半个月的时间过去了，依然没有与部队联系上。有一天，他们打死了一只鹿，依靠鹿肉又艰难度过了几天。也许是战争使动物四散奔逃或被杀光，这以后他们再也没看到过任何动物。仅剩下的一点鹿肉，背在年轻战士的身上。

有一天，他们在森林中又一次与敌人相遇，经过再一次激战，他们巧妙地避开了敌人。就在自以为已经安全时，只听一声枪响，走在前面的年轻战士中了一枪，幸亏伤在肩膀上！后面的同伴惊恐地跑了过来，他害怕得语无伦次,抱着战友的身体泪流不止,并赶快把自己的衬衣撕下包扎战友的伤口。

晚上,未受伤的士兵一直念叨着母亲的名字,两眼直勾勾的,他们都以为自己熬不过这一关了。虽然饥饿难忍,但他们谁也没动身边的鹿肉,天知道他们是如何度过的那一夜。第二天,部队救出了他们。

事隔30年,那位受伤的战士安德森说:"我知道谁开的那一枪,他就是我的战友。当他抱住我时,我碰到他发热的枪管。我怎么也不明白,他为什么对我开枪?但当晚我就宽恕了他。我知道他想独吞我背着的鹿肉,我也知道他想为了他的母亲而活下来。此后30年,我假装根本不知道此事,也从不提及。战争太残酷了,他母亲还是没有等到他回来就去世了,我和他一起祭奠了老人家。那一天,他跪下来,请求我原谅他,我没让他说下去。我们又做了几十年的朋友,我宽恕了他。"

避免痛苦最好的方法,就是宽恕曾经伤害我们的人。

路易斯密得说:"也许在很久以前,有人伤害了你,而你却忘不了那件不愉快的往事,到现在还痛苦不堪,那就表示你还继续在接受那个伤害。其实你是很无辜的,你要了解到,你并不是世界上唯一有这种经历的人。赶快忘掉这不愉快的记忆,只有宽恕才能释放你自己,让你松一口气。"如果憎恨的情绪持续在心里发酵,可能会使生活逐渐失去秩序,行为越来越极端,最后一发不可收拾。

不过,宽容说起来简单,可做起来并不容易。因为我们都认为,每个人都应该为自己所犯的错误付出代价,这样才符合公平正义的原则,否则岂不便宜了犯错的一方?但是不宽恕会产生什么结果或副作用呢?例如痛苦、埋怨、憎恶、报复等,这些结果值不值得再承受,这才是一个更重要的问题。

有一个年轻人,他和一个关系非常不错的朋友合资创办了一家公司。

然而，就在他俩创业期间，他的那个朋友竟然背着他将公司的现金挪作他用。

因为资金无法周转，他们的公司被迫停业，他因此损失惨重。尽管事后，他的那个朋友也无限懊悔，多次恳求他的原谅。因为，他的那个朋友也没有料到会出现这种局面。

但是，他对朋友的背信弃义失望至极，并由失望而转化为憎恨。事实的确如此，如果那个朋友没有做出这件事情，也许他的眼前会是另一番景象。可是，他现在已经失去了一切，为了还债，把自己唯一的房产也卖掉了，而现在只有在外面租房子住。

每当他跟其他一些朋友聚会的时候，他就会大骂那个背信弃义的朋友。有时候喝了酒之后，他甚至曾产生过带上一把刀子，去教训对方一下的念头。

因此，他的情绪一直很坏。在夜里，他经常做噩梦：梦见那个伤害过他的朋友，将他推下一个深不可测的悬崖。待从梦中惊醒之后，他往往是大汗淋漓。烦闷、不安和失眠严重困扰着他，他终没有从那个朋友带给他伤害的阴影里走出来。

人生在世，伤害在所难免，这是任谁都无法改变的事实。当然，我们会因为受伤而感到愤怒是无可厚非的，我们无法原谅伤害的始作俑者也是可以理解的，但是不原谅也是一把双刃剑，可以伤人也会伤己。如果一直都不能原谅一个人或一件事，那么自己内心的伤口是永远无法愈合的。如果我们从另外一个角度，用一种豁达大度的心态来对待它，就会将这种不公正当作对成功者的一种考验。

"大度能容，宽厚待人"，不单单可以促进人际关系，还可以帮助人们树立自身形象，给他人留下个好印象，从而提高自己的人气。当然，大度与宽容都要建立在一定的基础之上。这要求我们在社交活动中，必须摒弃个人私欲，不能被自私自利的想法控制了思维，为个人的一己之利与他人争得面红耳赤，达不到自己的心愿就不停地抱怨，这样会使自己的人际关系越来越糟，有碍自己的事业的发展。

方法三 / 把对手变成自己的朋友

拥有一个强劲的对手，它会激发起你更加旺盛的精力和斗志。所以，最好的办法不是打败对手，而是友好地站到对手的身边去，把他变成自己的朋友。

对手是我们前进的动力。因为对手是一面镜子，能照出我们的缺点和不足。在工作中我们需要动力，而对手的存在，正是我们不断进步的力量源泉。只有拥有真正的对手，才能让我们思想进步，并激发我们无穷的斗志，使我们成为赢家。所以我们呼唤这样的对手，也珍惜这样的对手。这不仅是一种胸怀，更是一种睿智。

比尔·盖茨的两则旧事，非常耐人寻味。

美国的 Real Networks 公司曾经向美国联邦法院提起诉讼，指控比尔·盖茨的微软公司违反垄断法，并要求其赔偿 10 亿美元。但在官司还没有结束的情况下，Real Networks 公司的首席执行官格拉塞却致电比尔·盖茨，希望得到微软的技术支持，以使自己的音乐文件能够在网络和便携设备上播放。所有的人都认为比尔·盖茨一定会拒绝他，但出人意料的是，比尔·盖茨对他的提议表现出出奇的欢迎，他通过微软的发言人表示，如果对方真的想要整合软件的话，他将很有兴趣合作。

众所周知，微软和苹果两大公司自 20 世纪 80 年代起就一直处于敌对状态，乔布斯和比尔·盖茨为争夺个人计算机这一新兴市场的控制权展开了激烈的竞争。到了90年代中期，微软公司明显占据了领先优势，占领了约90%的市场份额，而苹果公司则举步维艰。但让所有人大跌眼镜的是，1997年，微软公司向苹果公司投资1.5亿美元，把苹果公司从倒闭的边缘拉了回来。2000年，微软公司为苹果公司推出Office2001。自此，微软公司与苹果公司真正实现双赢，他们的合作伙伴关系进入了一个新时代。

常人不可理解的两件事都发生在比尔·盖茨身上，这绝对不是一个巧合。比尔·盖茨的成功，源于很多因素，包括他对商机的把握和他天才的设计能力，但其中还包括他对他的对手所采取的态度。面对对手，一定要不屈不挠，咬紧牙关，迎面而上，决不退缩——这似乎是共识，但明智的比尔·盖茨选择了另一种方式：站到对手的身边去，把对手变成自己的朋友。

许多的人都把对手视为心腹大患、是异己，是眼中钉、肉中刺，恨不得马上除之而后快，其实只要反过来仔细一想，便会发现，拥有一个强劲的对手，反而倒是一种福分，一种造化。因为一个强劲的对手，会让你时刻有种危机四伏的感觉，它会激发起你更加旺盛的精力和斗志。要知道，当你决定打败对手的时候，对手也想着打败你，他既然能成为你的对手，就一定跟你实力相当，不好对付。所以，最好的办法不是打败他，而是像比尔·盖茨那样，把他变成自己的朋友。

李运在一家公司做部门负责人，在公司他很受总裁的重视。但是不久，公司招了一个新的负责人，这个人的工作能力非常强，又特别会处理同事间的关系，很快得到了总裁的青睐，李运的地位很快被他代替了。

他们明着是在进行各自的工作，但暗地里却是无时无刻不在进行着竞争：想让自己的部门走在前面，想让自己的方案得到总裁的肯定等。几个月下来，对方的业绩明显高出李运，而他得到的重要工作也明显地增加了。

总裁的轻视、自己手下员工的不满一下子给了李运莫大的压力。面对竞争，李运首先是找自身的不足，改变策略，调整好心态，努力完善自己。

大家都工作时,他用十倍的认真去对待;大家下班时,他继续钻研业务,调研市场,寻找工作中需要完善的地方,充分掌握行业内的最新动态。

就这样,在他的努力下,几个月以后,他向总裁提出了一份完善的工作改进计划,总裁又一次肯定了他的重要性,不仅再次重用了他,还将他的职位提升了一级。

事物的法则,永远是用进废退,这是颠扑不破的真理。一个人要想在异常激烈的社会竞争中不被淘汰,还是有一点危机感为好。在生活和工作当中出现竞争对手并不是一件坏事情,相反,倒是一件好事,因为他能使你充满活力而富有朝气。

在工作中,不要把能力比我们强的人当成我们成功路上的绊脚石。我们应当树立正确的竞争观念,正是有了强大的对手,才促使我们不断努力,也正是竞争对手的存在,才激励我们不断完善自我,弥补自己的不足,并充分激发自身的潜能,不断超越自我,只有这样才能踏上成功的道路。可以说没有竞争对手,我们就不能更好地发展;没有竞争对手,我们就不能更强大。因此,我们要善待竞争对手,更要感激竞争对手,是他们使我们逐步走向了成功。

方法四 / 得饶人处且饶人

有一首歌这样唱道:"千里难寻是朋友,朋友多了路好走。"朋友,无论是最好的,还是一般的,他们或多或少地都能给予你帮助和支持,这是每一个办事成功者的"关键"。事实表明,谁的朋友越多,来往越密切,谁的事业就越发达、生活得越快乐,身体就越健康。有人经过研究后发现,朋友关系所带来的益处,仅次于婚姻关系,而大于所有其他人际关系,它不仅有助于减轻工作造成的压迫感、丰富生活,而且还能给你提供很多帮助。

常言道:"多个朋友多条路,多个仇人多堵墙。"所以无论如何,我们也要使自己的朋友尽可能地多,仇人尽可能地少。与其与人为敌,不如化敌为友,这样,我们的路才会越走越宽,越走越顺。

"世界上最大的是海洋,比海洋更大的是天空,比天空更大的是人的胸怀。"其实,宽以待人实际上是一种情感投资法,对人以宽大为怀,最终会得到好的回报。

从前,一个牧场生活着两户人家,一家以牧羊为生,养了许多羊;一家是猎户,靠打猎为生,所以养了许多猎狗。这样,问题就出现了,这些猎狗经常跳过栅栏,袭击牧羊户的小羔羊。牧羊户几次请猎户把狗关好,但猎户都不以为然,口头虽然答应了,可没过几天,他家的猎狗又跳进牧场横冲直闯,咬伤了好几只小羊。

终于牧羊户忍无可忍了,就去找镇上的法官评理。听了他的控诉,明理的法官说:"我可以处罚那个猎户,也可以发布法令让他把狗锁起来。但这样一来你就失去了一个朋友,多了一个敌人。你是愿意和敌人做邻居呢?还是和朋友做邻居?"牧羊人想了想答道:"当然是朋友了。"

于是法官给牧羊户出了一个主意,既可以保证他的羊群不再受骚扰,而且还可以赢得一个友好的邻居。一到家,牧羊户就按法官说的挑选了三只最可爱的小羔羊,送给猎户的三个儿子。看到洁白温顺又可爱的小羔羊,孩子们如获至宝,每天放学都要在院子里和小羔羊玩耍嬉戏。因为怕猎狗伤害到儿子们的小羔羊,猎户就做了个大铁笼,把狗结结实实地锁了起来。

从此,牧场主的羊群再也没有受到骚扰。猎户因为牧羊户的友好,开始送各种野味给他以作为回谢,牧羊户也不时用羊奶酪回赠猎户,渐渐地两人成了好朋友。

– 第二篇　怎样修炼好心态 –

凡事不必太认真,如果太较真儿,由于人是相互作用的,你表现出一分敌意,他有可能还以二分,然后你则递增为三分,他又会还回来六分……把敌意换成善意,你会有多么大的收获。当"冤冤相报何时了"的双负,能成为"相逢一笑泯恩仇"的双赢时,这难道不是人生最大的成功吗?

服装业巨子施瓦茨在创业初期,有一次拿着样品经过一家小店,却无缘无故地被店主讥讽嘲笑了一番,说他的衣服只能堆在仓库里,再过 100 年也卖不出去。施瓦茨并没有反唇相讥,而是诚恳地向对方请教,结果发现那位小店主说得头头是道。施瓦茨大为吃惊,愿意高薪聘用他,然而他不但不领情,还讽刺了施瓦茨一顿。施瓦茨并没有放弃说服这位店主,他运用各种方法打听,才知道这位店主居然是一位极其杰出的服装设计师,只是因为其性情怪僻而与多位上司闹翻,一气之下才发誓不再设计,改行做商人的。施瓦茨弄清楚事情的真相后,三番五次地登门拜访,并且诚心请教,这位设计师仍然不理睬。然而施瓦茨还是常去看望他,和他聊天,并给予热情的帮助。到最后,这位设计师自己都感到不好意思了,终于答应出山。后来,这位设计师创造出巨大效益,他帮助施瓦茨建立了一个庞大的服装帝国。

善于理解、体谅别人在特殊情况下的心理、情绪是一种较高的修养。有的人生性敏感,有的人恰恰遇到不顺心的事没处发泄怒气,也许对方正生病,这些都可能是造成态度、情绪反常或过激的原因,对此予以充分谅解,会得到相应的回报。

一个宽宏大量的人,他的爱心往往多于怨恨。他乐观、愉快、豁达、忍让,而不悲伤、消沉、焦躁、恼怒;他对自己周围的人的不足处,以爱心劝慰,晓之以理,动之以情,使听者动心、感佩、尊从,这样,他们之间就不会存在感情上的隔阂、行动上的对立、心理上的怨恨。

第十三章
修炼放弃心态的四个方法

方法一 / 该放弃的就要放弃

生命给予我们每个人的,都是一座丰富的宝库,但你必须学会选择,选择适合你自己的。而每一个选择都有一个不同的结局,如若全盘皆收,终将落得全盘皆输。选择总有缺憾,不能尽善尽美、如愿以偿,人生有些缺憾才是正常的。人生有所失才会有所得,只有放弃一部分,我们才会得到另外一部分;只有放弃某种我们凭"惯性"而固守的东西,我们才会得到另一些真正有益于人生的东西。

放弃是一门艺术。在物欲横流的今天,既需要你做出选择,更需要你做出放弃。与其说是抉择得当,不如说是放弃得好。人生苦短,要想获得越多,就得放弃越多。那些什么都不放弃的人,是不可能有多少获得的,其结果必然是对自身生命的最大的放弃,让自己的一生永远处在碌碌无为之中。

一个正在职校学习计算机的孩子,还有一个月就可以拿到结业证书了。就在这时候他的父亲带来一则消息:某知名跨国企业正在招聘计算机网络员。这家公司实力非常雄厚,很有发展潜力,近些年推出的一些产品在市场上也非常热销。如果被录用,薪水自然会很丰厚,但有一个条件,所有参加应聘的员工都要接受一个月的培训。

这样的条件对任何人来说都很诱人,孩子自然也很想去应聘,可是如果去应聘就必须接受培训,自然就上不了职校的课,参加不了结业考试,连张结业证都拿不到;要是没有被那家公司录用,自己真是竹篮子打水一场空。

孩子很苦恼。父亲笑了,说要和孩子做个游戏。他买了两个大西瓜,放在孩子面前,让他把两个西瓜一起抱起来。孩子瞪圆了眼睛憋足了劲,还是没有办法把两个西瓜一起抱起来。他认为抱起一个已经很勉强了,何况是两个。

孩子问父亲:"那你怎么能把第二个抱起来?"父亲回答说:"哎,你不能把手上的那个放下来吗?"

孩子似乎明白了父亲的用意,放下一个,不就能抱起另一个吗?父亲提醒他说:这两个总得放弃一个,才能获得另一个,就看你自己的选择了。

孩子顿悟,最终选择了应聘,放弃了职校的结业考试。后来,如愿以偿地成了那家跨国企业的职员。

古人云,鱼和熊掌不可兼得。要想有所得,就要学会放弃,有所得也必然有所失。只有我们学会了放弃,放弃局部利益而保全整体利益是最明智的选择,我们才会拥有一份成熟,才会活得更加充实、坦然和轻松。

放弃是一种智慧,更是一种勇气。生活给予你的是有限的生命、有限的资源,所以你必须放弃那些不适合自己去充当的角色,放弃束缚你手脚的那些沉重包袱。如果你什么也不愿放弃,最终有可能一无所有。

2003年4月26日,美国登山爱好者拉斯顿到离犹他州东南150英里处的蓝约翰峡谷登山探险。在攀过一道3英尺长的狭缝时,一块巨石挡住了去路。他试图将其推开,不料它摇晃了一下,突然下滑,把他的右臂夹在石壁中。尽管拉斯顿想方设法用左手去推巨石,却始终无法抽出右臂。那天,他的探险设备、干粮水壶和急救包等一应俱全,唯独没带手机。于是,他只好原地躺着,保存实力,等待别人来救援。干粮吃完了,拉斯顿便靠饮水度日。到了第四天,水壶中一点水也没有了。

第五天早晨,当浑身无力的拉斯顿从断断续续的睡眠中醒来时,他终于明白：蓝约翰峡谷过于偏僻，人迹罕至，只有靠自己救自己了。他最后下定决心，用随身带的8厘米长的袖珍小折刀给自己的右手臂实施截肢。钻心彻骨的剧痛和大量失血使拉斯顿差点昏厥，但他仍然坚持从急救包中取出杀菌膏和绷带，给切断的右臂做了紧急止血处理。

拉斯顿跌跌撞撞上路了，走出7英里后被两名登山者发现。不久，一架救援直升机飞来了，拉斯顿终于获救，他的壮举使他成为美国人心目中的英雄。

人总是在经历过一些事情以后才会懂得在得到与失去中慢慢地认识自己，懂得适时的坚持与放弃。其实，生活并不需要无谓的执着，没有什么真的不能割舍，懂得放弃才有快乐，背着包袱走路总是很辛苦的，学会放弃，生活会更容易一些。

在这个世界上，没有什么是不可以改变的。美好、快乐的事情会改变，痛苦、烦恼的事情也会改变，曾经以为不可改变的，许多年后，你就会发现，其实很多事情都改变了。而改变最多的，竟是自己；不变的，只是小孩子美好天真的愿望罢了！明白了这个道理，我们难道还要执着地固守着某一种东西放不下吗？

方法二 / 心存简单，摆脱不必要的烦恼

每个人的人生都会有苦恼。然而，有时人生的苦恼，不在于自己获得多少、拥有多少，而是因为自己想得到更多，是自己把本来简单的问题给复杂化了。如果有人问你1+1等于几，你可能要思考半天，因为你知道陈景润花了好几年的时间去证明1+1等于几的问题。其实，陈景润想证明的是哥德巴赫猜想，并非去证明1+1等于2。但是如果去问一个小学生，孩子会毫不犹豫地回答出来。因为孩子没有把问题想得那么复杂，他们的头

脑想得简单。

人有时想得到的太多,而自己的能力很难达到,所以我们便感到失望与不满。其实,静下心来仔细想想,生活中的许多事情,并不是你的能力不强,恰恰是因为人们那复杂的心灵和没有边际的欲望所造成的。太多的欲望反而束缚了自己的手脚,使得本来简单的事情复杂化了,凭空给自己的人生增添了许多不必要的烦恼。

有一年,一位记者奉一家著名杂志社之命,前往非洲写一篇关于一个新建立的共和国的总统宫的文章。稿件发回后,这份杂志的编辑只看了第一句话,便拒绝采用。文章是这样开头的:"数百级的台阶通向围绕着总统宫的高墙。"编辑立即给记者拍了电报,要求他搞清楚确切的台阶级数和宫墙的高度。

记者马上着手获取这些事实,但是他为此花的时间太多了。这期间编辑变得越来越不耐烦,因为杂志就要拿去付印。他一连发了两封加急电报催促,但都没有回答,他又发了一封电报给记者,告诉他如果他再这么装聋作哑就解雇了他。不过记者还是没有回电,编辑只好很不情愿地照原样发表了那篇文章。一星期后,编辑终于收到了记者的回电,这可怜的家伙被逮捕了,并且被投进了监狱。不过,他总算还被允许发一份电报,报告编辑就在他数到通向总统宫15英尺高的宫墙的第1084级台阶时,被逮捕了。

某些人自以为"堪予称赞"的坚忍不拔的精神,其实没有丝毫的实际价值。除非对结果有积极意义,否则,在一些无关紧要的末节问题上纠缠只能浪费宝贵的时间。

其实,我们的人生又何曾不是这样呢?无论遇到多么大的困难和挫折我们都走过来了,可是却因为一些过于细节的小事,使我们本来美好的人生增添许多不必要的忧虑与烦恼,而所有的忧虑和烦恼都源于我们的思想方法。

有一个老人,非常喜欢留大胡子,花白的胡子足有一尺长。有一天,老人在门口溜达，邻居家五岁的小孩儿问他："老爷爷，你这么长的胡子，晚上睡觉的时候，是把它放在被子里面呢，还是放在被子外面的？"老人竟一时答不上来。晚上睡觉的时候，老人突然想起小孩子问他的话，他先把胡子放在被子外面，感觉很不舒服；又把胡子拿到被子里面，仍然觉得很难受。就这样，老人一会儿把胡子拿出来，一会儿又把胡子放进去，整整一个晚上，他始终记不起来过去睡觉的时候，胡子是怎么放的。第二天天刚亮，老人去敲邻居家的门，正好是小孩子来开门，老人生气地说："都怪你这小孩，让我一晚上没睡成觉！"

胡子怎么放和睡觉没有关系，睡不着是因为想得太多，把简单的问题复杂化，庸人自扰。世间的任何事情都有一个限度，超过了这个限度，好多事情都可能是极其荒谬的。

因此，我们要学会善待自己，凡事别跟自己过不去，保持一种简单纯洁的心态，过一种简单健康的生活，这不仅是对自己的爱护，更是对生命的爱惜。

简化生活，就是要做到心存简单，不要背负太多的欲望上路，要安于淡泊，摆脱不必要的烦恼去寻找生活的乐趣、追求人生的幸福。一个人的生活是轻松快乐或劳累烦闷，是由自己的心态营造出来的。我们应该肯定自己，尽力发展我们能够发展的东西，我们只要尽力了，也就生活得问心无愧了。

方法三 / 珍惜现在所拥有的

有一位作家这样说过："当你存心去找快乐的时候，往往找不到，唯有让自己活在'现在'，全神贯注于周围的事物，快乐便会不请自来。"或许我们来到世上的目的就是让我们好好享受自己经历的每一点一滴，感受身旁的每一件事,关注正在进行的生活。用一颗平常的心态去对待今天,把当下的事情做好,感受生活才能理解生活和快乐的真正含义!

安徒生有一篇名为《老头子做事总不会错》的童话故事:

乡村有一对清贫的老夫妇,有一天他们想把家中唯一值点钱的一匹马拉到市场上去换点更有用的东西。老头牵着马去赶集了,他先与人换得一头母牛,又用母牛去换了一只羊,再用羊换来一只肥鹅,又把鹅换了母鸡,最后用母鸡换了别人的一口袋烂苹果。

在每次交换中,他都想给老伴一个惊喜。当他扛着大袋子来到一家小酒店歇息时,遇上两个英国人。闲聊中他谈了自己赶集的经过,两个英国人听后哈哈大笑,说他回去准得挨老婆子一顿揍。老头子坚称绝对不会,英国人就用一袋金币打赌,二人于是一起回到老头子家中。

老太婆见老头子回来了,非常高兴,她兴奋地听着老头子讲赶集的经过。每听老头子讲到用一种东西换了另一种东西时,她都充满了对老头的钦佩。她嘴里不时地说着:"哦,羊奶也同样好喝。""哦,鹅毛多漂亮,""哦,我们有鸡蛋吃了。我们有牛奶了!"

最后听到老头子背回一袋已经开始腐烂的苹果时,她同样不愠不恼,大声说:"我们今晚就可以吃到苹果馅饼了!"

结果,英国人输掉了一袋金币。

从这个故事中我们可以领悟到:不要为失去的一匹马而惋惜或埋怨生活,既然有一袋烂苹果,就做一些苹果馅饼好了。这样生活才能妙趣横生、和美幸福,而且,你才可能获得意外的收获。

快乐是什么?快乐就是珍惜你现在拥有的一切,快乐就是如此简单。有人为低工资而懊恼、忧郁,猛然发现邻居大嫂已经下岗失业,于是马上又暗暗庆幸自己还有一份工作可以做,虽然工资低一些,但起码没有下岗失业,心情转眼就好了起来。每个人总是看重自己的痛苦,而对别人的痛苦往往忽略不计。当自己痛苦不堪的时候,要是能够换一个角度来思考,痛苦的程度就会大大减弱。

方法四 / 知足常乐,对生活不必苛求完美

追求尽善尽美是人的一种普遍心态,人们总是希望自己的事业有成就,希望自己的爱情美满,希望自己的人际关系良好,希望……总之,希望生活的方方面面都好。正是这种苛求完美的态度,使人的精神背负着如此沉重的包袱,给人带来了莫大的焦虑、沮丧和压抑。结果是我们哪方面都感觉不满意。

"金无足赤,人无完人",我们应该认识到自己的能力是有限的,不可能把所有的事情都做得尽如人意;如果一味地去苛求面面俱到,只会使自己陷入焦灼不安之中。其实,我们只要仔细审视一下自己,虽然我们不能把一切做得尽善尽美,但只要我们尽力做到最好,而不理想的那一部分,我们要勇敢地接受它、善待它,我们的人生会有许多快乐。

在河的两岸,分别住着一个和尚与一个农夫。

和尚每天看着农夫日出而作,日落而息,生活看起来非常充实,令他相当羡慕。而农夫也在对岸,看见和尚每天都是无忧无虑地诵经、敲钟,生活十分轻松,令他非常向往。因此,在他们的心中产生了一个共同念头:"真想到对岸去!换个新生活!"

有一天,他们碰巧见面了,两人商谈一番,并达成交换身份的协议,农夫变成和尚,而和尚则变成农夫。

当农夫来到和尚的生活环境后,这才发现,和尚的日子一点也不好过,那种敲钟、诵经的工作,看起来很悠闲,事实上却非常烦琐,每个步骤

都不能疏漏。更重要的是，僧侣刻板单调的生活非常枯燥乏味，虽然悠闲，却让他觉得无所适从，于是，成为和尚的农夫，每天敲钟、诵经之余都坐在岸边，羡慕地看着在彼岸快乐工作的其他农夫。

至于那位做了农夫的和尚，重返尘世后，痛苦比农夫还要多，面对俗世的烦忧、辛劳与困惑，他非常怀念当和尚的日子。

因而他也和农夫一样，每天坐在岸边，羡慕地看着对岸步履缓慢的其他和尚，并静静地聆听彼岸传来的诵经声。

苛求完美的人们，永远不会对生活满意，也就永远过不上自己想要的生活。事物的本来面目就是这样：世事大多并不完美！"找一片最完美的树叶"，人们的初衷总是美好的，但是，如果不切实际地一味找下去，最终往往只会吃尽苦头。直到有一天你才会明白：为了寻求"一片最完美的树叶"，而失去许多机会是多么得不偿失。况且，人生中"最完美的树叶"又在哪里呢？童话故事中的完美在生活中是不存在的，我们可以追求生活中的美，但不能奢求完美，我们要善待自己，不要和自己过不去，用一颗平常心来对待生活、对待人生，我们就会拥有幸福的生活。

人生要做的事情很多，因为人的能力是有限的，你不可能面面俱到，我们被更多的欲望所迷惑。要知道，我们终身劳苦而获得的财富和我们所能享受到的世俗的欢乐都只是过眼云烟，我们是不可能带着它们离开这个世界的，所以，人生中许多事情不可太执着，该放手时就放手。要轻视欲望，就要懂得舍弃。而外在的舍弃让你接受教训，心里的舍弃让你得到解脱，从而心里变得安宁。

有一个聪明的年轻人，很想在一切方面都比他身边的人强，他尤其想成为一名大学问家。可是，许多年过去了，他的其他方面都不错，学业却没有长进，他很苦恼，就去向一个大师求教。

大师说："我们登山吧，到山顶你就知道该如何做了。"那山上有许多晶莹的小石头,煞是迷人。每见到他喜欢的石头,大师就让他装进袋子里背着,很快,他就吃不消了。"大师,再背,别说到山顶了,恐怕连动也不能动了。"他疑惑地望着大师。"是呀,那该怎么办呢?"大师微微一笑:"该放下就放下,不然背着石头咋能登山呢?"大师笑了。

年轻人一愣,忽觉心中一亮,向大师道了谢走了。之后,他一心做学问,进步飞快……

每个人的人生都会有苦恼。然而,有时人生的苦恼,不在于自己获得多少、拥有多少,而是因为自己想得到更多,人有时想得到的太多,而自己的能力很难达到,所以我们便感到失望与不满。其实,静下心来仔细想想,生活中的许多事情,并不是你的能力不强,恰恰是因为你的愿望不切实际。世间任何事情都有一个限度,超过了这个限度,好多事情都可能是极其荒谬的。我们应时常摆正自己的心态,肯定自己,尽力发展我们能够发展的东西。凡事别跟自己过不去,这是一种精神的解脱,它会促使我们做自己喜欢做的事,并开心地把此事做好,没有一点怨言,这不仅是对自己的爱护,更是对生命的爱惜。

知足者常乐,知足者能认识到无止境的欲望和痛苦,于是就干脆压抑一些无法实现的欲望,这样虽然看起来比较残忍,但它却减少了更多的痛苦。在能实现的欲望之内,他拼命为之奋斗,一旦得到了自己的所求,快乐便油然而生,每上进一个台阶,快乐的程度也会上进一个台阶。只有经常知足,在自我能达到的范围之内去要求自己,而不是刻意去勉强自己,去强迫自己,而是自觉地知足,心平气和去享受独得之乐。

珍惜我们现在所拥有的一切,知足常乐,在物质生活上不贪婪、不奢求,心境平和,知足而快乐。多一份宁静,少一些牢骚,多一份宽容和理解,就会让我们对生活充满信心,看到希望的曙光就在前面。只有拥有广阔的心胸,才能拥有旷达、乐观、快乐的人生。

第十四章
修炼淡定心态的五个方法

方法一 / 把得失看得淡一些

俗话说,有所得,就必有所失。而有的人会无端生出许多烦恼,这都源于利害得失间的矛盾。人有所得,就要有所失。该失去的东西就要毫不吝啬,甚至忍痛割爱。得到并不一定就值得庆幸,失去也并不完全是坏事情,有时反而会催促生命的进步。

春秋时候,楚国有个擅长射箭的人叫养叔。他能在百步之外射中杨树枝上的叶子,并且百发百中。楚王羡慕养叔的射箭本领,就请养叔来教他射箭。养叔便把射箭的技巧倾囊相授。

楚王兴致勃勃地练习了好一阵子,渐渐能得心应手,就邀请养叔跟他一起到野外去打猎。打猎开始了,楚王叫人把躲在芦苇丛里的野鸭子赶出来。野鸭子被惊扰得到处乱跑。楚王挽弓搭箭,正要射猎时,忽然从他的左边跳出一只山羊。

楚王心想,一箭射死山羊,可比射中一只野鸭子划算多了!于是楚王又把箭头对准了山羊,准备射它。正在此时,右边突然又跳出一只梅花鹿。楚王又想,若是射中罕见的梅花鹿,价值比山羊又不知高出了多少。于是楚王又把箭头对准了梅花鹿。忽然,大家一阵子惊呼,原来从树丛里飞出了一只珍贵的苍鹰,振翅往空中蹿去,楚王又觉得还是射苍鹰好。

可是当他正要瞄准苍鹰时,苍鹰已迅速地飞走了。楚王只好回头来射梅花鹿,可是梅花鹿也逃走了。他再去找山羊,山羊也早溜了,连那一群野鸭子也都飞得无影无踪了。楚王拿着弓箭比画了半天,结果什么也没有射着。

人们的获得总是在得与失、成与败之间进行选择,选择的特点是得到总是伴随着失去,人不可能同时到两个地方去。获得不会是天上掉馅饼,总是要付出失去的成本,人们烦恼的就是不愿意为自己的获得付出失去的成本。

得与失,必定有其平衡点。你不要总因为失去而痛苦,你也会有成功与收获的时候,得与失需要你去感受和体会,如果你常感到失落,那是因为你的心胸狭窄所致,如果你常能体验获得的快乐,那是因为你的心态平和。

在飞速行驶的列车上,一位老人不小心将刚买的新鞋从窗口掉下去一只,周围的旅客无不为之惋惜,不料老人毅然把剩下的另一只也扔了下去。众人大惑不解,老人却从容一笑:"鞋无论多么昂贵,剩下一只对我来说就没有什么意义了。把它扔下去,就可能让拾到的人得到一双新鞋,说不定他还能穿呢。"

一般来说,人们总是飘飘然于拥有的喜悦,而凄凄然于失去的悲伤。老人却以从容达观之态,超越于世人之上。的确,与其抱残守缺,不如舍去,或许会给别人带来幸福,同时也使自己心情舒畅。老人这种舍得的做法令人顿生敬意,也值得我们深思。

在生活中,我们不妨把得失看得淡一些,也许我们的"失"正孕育着一次更大的"得",当然,我们现在的"得"也许成为下一个更大的"失"。我们应该懂得"福兮祸之所伏,祸兮福之所倚"的辩证之理。不要因为一次失去,就仇恨一切。在工作中,我们在一方面失去了,也许会在另一个方面得到补偿。

让我们用一颗平常心去对待生活中的拥有与失去,凡事看得淡一点,会让自己的生活轻松愉快。如果太贪心,总想得到很多又无法面对失去,那终究会成为一种生活的负荷与累赘,让你疲惫不堪而逐渐失去人生的乐趣。

方法二／脚踏实地、一步步向目标迈进

哲人说过,"梦想指引我们飞升。"我们都知道梦想里隐藏着无限的积极力量,但对于如何把梦想变为现实,年轻人常有种抓不到重点的感觉。梦想是浪漫主义的,而成功则是现实主义的,你制订了目标,并不等于已经实现了目标,还必须憋足了劲,一步一步做下去。其实,实现目标的方法极为简单:从现在开始,从你目前的学业和工作出发,完成你的原始积累。

凡是获得了成功的人都知道,进步是一点一滴不断地努力得来的。例如,房屋是由一砖一瓦堆砌成的,篮球比赛的最后胜利是由一次一次的得分累积而成的,商店的繁荣也是靠着一个一个的顾客在不停地购物过程中形成的,所以每一个重大的成就都是由一系列的小成就累积成的。"继续走完下一里路"的原则不仅对别人很有用,当然对你也很有用。对年轻人来讲,不管被指派的工作多么不重要,都应该看成是"使自己向前跨一步"的好机会。推销员每促成一笔交易,就为迈向更高的管理职位积累了条件。教授每一次的演讲,科学家每一次的实验,都是向前跨一步、更上一层楼的好机会。

有时某些人看似一夜成名,但是如果你仔细看看他们过去的历史,就知道他们的成功并不是偶然得来的。他们早已投入无数心血,打好坚固的基础了。那些暴起暴落的人物,声名来得快,去得也快。他们的成功往往只是昙花一现而已,并没有深厚的根基与雄厚的实力。

理想不同于妄想和幻想,目标要切实可行,行动要脚踏实地。这样,离你的梦想就不远了。

美国汽车工业巨头福特曾经特别欣赏一位年轻人的才能,他想帮助

这个年轻人实现自己的梦想。可这位年轻人的梦想却把福特吓了一跳：他一生最大的愿望就是赚到 10000 亿美元——超过福特现有财产的 100 倍。

福特问他："你要那么多钱做什么？"

年轻人迟疑了一会儿，说："老实讲，我也不知道，但我觉着只有那样才算是成功。"

福特说："一个人果真拥有那么多钱，将会威胁整个世界，我看你还是先别考虑这件事吧。"

五年后的一天，年轻人告诉福特，他想创办一所大学，他已经有了 10 万美元，还缺少 10 万。福特这时开始帮助他，他们没有再提过那 10000 亿美元的事。

经过八年的努力，年轻人成功了，他就是著名的伊利诺伊理工大学的创始人本·伊利诺斯。

要赚够 10000 亿美元的梦想，已经到了狂想的地步，这个目标，只能让茫然的人更加茫然。我们关于梦想的勾勒应该是这样的：我目前拥有什么，我从哪里做起才能让自己的生活发生一些正面的变化。

当你逐渐成长之后，你会开始思考你的人生何去何从。

但是，你的某些梦想会成真，其他的会渐渐消失或改变，更有些会在你的眼前粉碎。在你的人生中，你可能必须放弃一到两个梦想。可是你这么做的时候，其他的机会又会展现在你面前。

当现实与梦想存在着巨大的差距的时候，你应当保留梦想，服从于现实。许多年轻人都常犯同样的错误，对生活提供的巨大的财富，只能收获到一点点，尽管未知的财富就近在眼前，他们却得之甚少，因为他们只一心盯着梦想的气球，对身边的果子却视而不见。

务实的人都会为自己树立一个能够实现的目标，他们都知道，如果把目标定得过高，不但会使自己无法脚踏实地地工作，而且也发挥不出目标的激励作用。因为在当我们付出很多努力,但仍旧无法达到目标时,我们就会变得懈怠和灰心。只有为自己树立一个能够实现的目标,才可以使自己的航向明确,能脚踏实地地去追求自己想要的生活。

人生经常会有一些有趣的反差,当你一心立大志、成大事的时候,很可能终其一生也两手空空;当你暂时收起了雄心壮志,从身边小事开始行动时,反而会柳暗花明,出现了意想不到的好机遇。

不管你的梦想多么高远,还是应该先做触手可及的小事,你朝目标迈进的每一步都会增加你的快乐、热忱与自信。每天努力工作,你就会逐渐在心中激发出你相信每件事都会成功的绝对信心;每天的进步能让你去除恐惧,践踏怀疑,你会从积极的思考进展成为积极的领悟,没有一件事情可以阻挡得了你。

方法三 / 身外物,不奢恋

贪婪是人性的恶习,贪得无厌者,终毁其身。贪婪往往给人造成精神上无休止的压力,最终导致无谓的伤害,损人不利己。

人的私心、贪婪、嫉妒,常使人跌倒,重重地跌在自己"恶念"的祸害里。人生的很多错误只在一念之间,而人生在贪婪这错误观念的支配下常发生转弯。如果一个人有太多的物欲和虚荣心,那么他在行走时,就会因为身背如此重负而寸步难行。

对财富的追求是无可厚非的,但终日为钱所累的人,可以说做了一生有钱的乞丐,成了金钱的奴隶。更有甚者为了钱耗尽其毕生的精力,到头来除了钱以外,一无所有。也许人们太在意对金钱拥有的多少,而忽略了其他。其实人间有许多无价之宝,没有任何土地或钱财能与这些无价之宝相比。如果我们想要以良好的心态、从容的步履走过人生的岁月，就不要表现得太贪婪。我们可以允许财富进入我们的屋内，但永远不要让它主宰我们的心灵。

在一场战争结束之后，有一个农夫和一个商人在街上寻找财物。他们同时发现了一堆没有被烧毁的羊毛，于是两人商议，将其分半，每人一份。分完之后，他们就踏上了归程。归途中，他们又发现了一些布匹，农夫将身上沉重的羊毛扔掉，选些自己扛得动的较好的布匹；贪婪的商人将农夫所丢下的羊毛和剩余的布匹统统捡起来，重负让他气喘吁吁、行动缓慢。走了没有多长时间，他们又看到一些银器，于是农夫扔掉了背着的布匹，将银器收拾了一些带走了。但是商人因为拿的东西太多没有办法弯腰，所以没有得到。这时，天降大雨，饥寒交迫的商人身上的羊毛和布匹被雨水淋湿了，他踉跄着摔倒在泥泞当中，而农夫却一身轻松地回家了。后来他卖了银器，开创了自己的事业，幸福地过了一生。

古语说："人为财死，鸟为食亡。"人不能没有欲望，不然就会失去前进的动力，但人却不能太贪婪，因为贪欲是个无底洞，你永远也填不满。正如席慕蓉所说，金钱是一种有用的东西，但是，只有在你觉得知足的时候，它才会带给你快乐；否则的话，它除了给你烦恼和妒忌之外，没有任何积极的意义。

有些人认为社会是为自己而存在的，天下之物皆为自己所拥有。这种错误的价值观念使得他们"贪婪成性"。有贪婪之心的人，初次伸出黑手时，多有惧怕心理。一旦得手，便喜上心头，每一次侥幸过关对他都会产生一种行为的强化作用，不断刺激着那颗贪婪的心。有些人原来家境贫寒，或者生活中有段坎坷的经历，便觉得社会对自己不公平，一旦其地位、身份上升，就会利用手中的权力向社会索取不义之财，以补偿以往的不足，形成一种补偿心理。还有些人存在着攀比心理，看别人过得比自己好，物质生活比自己富裕，就会更贪婪地索取，以求平衡。

第二篇 怎样修炼好心态

有一个穷人在田地里锄地,突然锄出一条小蛇,他不愿意打死它,就对它说:"你快逃吧,不然让人看见了会被打死的,小蛇迅速地跑了。"

晚上,他做了一个梦,梦见一个白衣少年对他说:"我是被你放生的小蛇,为了报答你,我可以帮你实现你的愿望。"穷人说:"我能有什么愿望呢?只要能过上有衣穿,有饭吃、有房住的日子就行了。"小蛇说:"这很简单,我给你一个盆,在盆里有一枚金币,你可以去盆里拿金币,每次拿一个,你永远也拿不完,但是要记住,不能太贪婪!"

穷人醒来,果然床前有一个小盆,里面有一个金币,他就拿金币,拿出一个,还有一个,金币不断地出现,他总也拿不完。

穷人高兴极了,他不停地拿啊,拿啊,金币越来越多了,足够他用的了,但他还不愿意停下来。他饿了,就想,拿了更多的金币以后就可以天天吃佳肴;他累了,就想,拿了更多的金币,以后就可以什么活都不用干了。

金币已经堆了很高很高。他依然没有住手,他又累又饿,虚弱得快不行了。

他想:我不能停止,金币还在源源不断地出来,最后他实在坚持不住了,想扶着堆得高高的金币站起来,没想到,没站稳身子一歪靠在金币上,大堆的金币倒下来,把他砸死了。

如果你得到的是整个世界,而丧失了自我的生命,那么,你也得不偿失。因贪婪得来的东西,永远是人生的累赘。贪婪轻则让人丧失生活的乐趣,重则误了身家性命。生活的压力越来越大,脸上的笑容越来越少,这或许便是贪婪的代价。

"身外物,不奢恋",是思悟后的清醒,它不但是超越世俗的大智大勇,也是放眼未来的豁达胸襟。知足,才能常乐,才能免除恐惧与焦虑,只有这样,才能把自己从贪婪的精神桎梏中解救出来。谁能做到这一点,谁就会活得轻松,过得自在,遇事想得开,放得下。

《伊索寓言》里所说:"有些人因为贪婪,想得到更多的东西,却把现在所有的也失掉了。"生命之舟载不动太多的贪婪,因此,要学会适时地放下。放下是一种觉悟,更是一种心灵的自由。

方法四 / 以一种积极的态度去与别人比较

生活累,一小半缘于生存,一大半缘于攀比。在日常生活中,我们会往往不自觉地进行着各种比较。把自己的能力和他人对比:某人做生意赚了钱,某人仕途顺利,某人买了高级轿车,某人住进了豪华别墅……你觉得自己本来不比他们差,却不如他们风光体面!凡事都怕比,"不比不知道,一比吓一跳",一攀比,自己的劣势就出来了,就容易发火、激动,就会产生不平衡的心理。如果因为怒火而失去理智,不择手段,毫无廉耻,膨胀自私贪欲之心,让身心陷入一种失控的状态中,无法接受这种巨大的反差以及对自尊心的过度打击。此时因攀比而产生的痛苦会更强烈,那么就必然会产生一些意想不到的可怕后果。由此,你的人生必将陷入难以回旋的败局之中。

在现实生活中,我们要把握自己的心态,做自己心态的主人。其实,人生中的一些东西是无法改变的,比如对于出身,我们能够做的只有接受。而是否能够取得成就,我们完全可以通过自己的艰苦创业,努力奋斗去实现人生的自我价值,从而达到一种新的平衡,这才是值得称赞和庆幸的。

某校的教师小齐,安分守己的平静生活突然被同学的生日宴会给搅乱了。那一天,下了课的小齐和他的妻子拎着生日蛋糕就往同学家赶。看着昔日的老同学下海经商数年,已是小有名气,资产百万,有自己的别墅,开着宝马,一副成功者的气派,生日宴会上尽是社会上层的名人雅士。当然,那场生日宴会举办得很奢侈。

当小齐重返校园上课时就好像变了个人,整天心事重重,见人就诉苦。"这小子,有两下子,想当年上学那阵子,考试总不及格,作业老是抄别人的,自己压根就没做过,凭什么现在比我有钱?"他唠唠叨叨地说着,其他老师安慰他,"我们的工资虽比上不足,但是比下有余,钱够花了就行!"小齐更加气急败坏地说:"够花?我整个一年的工资加到一起也比不上人家一天挣的钱……"

比较的心态,是人之常情。但是不要忘了,天外有天,人外有人。经济学家认为,我们越来越富,但是体会不到幸福,根本原因是,我们一味地和比自己强的人去比较,就会觉得生活很不幸福,甚至觉得糟糕透顶。

其实没有一个人的生活是完美无缺的,都会或多或少地存在着不足。有的人夫妻恩爱,月收入数万元,可惜身体不健康;有的人才貌双全,又非常能干,感情方面却非常坎坷;有的人家财万贯,却是子孙不孝。如果一个人总是拿自己的缺点和别人的优点相比,就会忽略自己的优点,只是看到自己不如别人的地方,当然会"人比人气死人"。如果一个人能客观地和别人相比较的话,结果肯定是一样的:比上不足,比下有余。

据研究表明,一个人的幸福指数与攀比别人是成反比的。很多人都感到生活太累,其实并非穷得生活不下去,而是跟别人比起来觉得差距太大,心理失衡所致。如果我们能用一种积极的态度去和别人比较,不如别人时便积极进取,争取更上层楼;比别人强时便谦虚谨慎,乐观待人,岂不更好?

从某种意义上讲,能来到这个世界本身就是一种幸运,能有一个健康的身体则是最大的幸运。每一个人把自己做好是最重要的,一味和比自己强的人比,结果由于心灵的弦绷得太紧,损耗精神,很难有大的作为。

其实,把自己与别人相比是毫无意义的,因为你根本不知道别人在生活中的目标与动力以及别人独一无二的能力,别人有别人的才干,你有你的才干。我们常常认为才干就是音乐、艺术或智力方面的天赋,但实际上我们都有奇妙的、自己忽视的才干,诸如激情、耐力、幽默、善解人意、交际才能等，它们是有助于我们取得成功的强有力工具。一个人只要在自己从事的专业领域中有所成就，便不虚此生。

方法五 / 以退为进，走一条曲线成功的路

很多人之所以只知进不知退，根本原因是他们放不下面子和架子。暂时的退后，无疑会招来非议或嘲笑，而他们的面子容不得半点嘲笑，只有一味地勉强硬撑下去。但是，暂时退却，是养精蓄锐，等待时机。这样的退，再进会更快、更好、更有效、更有力，在某些时候，退一步路更宽。

俗话说："真人不露相。"如果不懂得退避，表现得太突出，只能遭到忌恨和破坏。只有那些大智若愚的人，才懂得巧妙退让，适时地低头，给人让路，也给自己选择了一条更为畅通的路。退是为了以后再进，暂时放弃某些有碍大局的目标是为了最后实现更大的成功。这退中本身已包含了进的含义，这种退更是一种进取的策略。

维斯卡亚公司是美国 20 世纪 80 年代最为著名的机械制造公司，其产品销往全世界，并代表着当时重型机械制造业的最高水平。许多人毕业后到该公司求职遭拒绝，原因很简单，该公司的高技术人员爆满，不再需要各种高技术人才。

詹姆斯和许多人的命运一样，在该公司每年一次的用人测试会上被拒绝申请。詹姆斯并没有死心，他发誓一定要进入维斯卡亚重型机械制造公司。于是他采取了一个特殊的策略，假装自己一无所长。

他先找到公司人事部，提出为该公司无偿提供劳动力，请求公司分派给他任何工作，他都不计任何报酬来完成。公司起初觉得这简直不可思议，但考虑到不用任何花费，也用不着操心，于是便分派他去打扫车间里

的废铁屑。一年来,詹姆斯勤勤恳恳地重复着这种简单但是劳累的工作。为了糊口,下班后他还要去酒吧打工。这样虽然得到老板及工人们的好感,但是仍然没有一个人提到录用他的问题。

1990年初,公司的许多订单纷纷被退回,理由均是产品质量有问题,为此公司将蒙受巨大的损失。公司董事会为了扭转颓势,紧急召开会议商讨解决方案。当会议进行一大半却尚未见眉目时,詹姆斯闯入会议室,提出要直接见总经理。在会上,詹姆斯把对这一问题出现的原因做了令人信服的解释,并且就工程技术上的问题提出了自己的看法,随后拿出了自己对产品的改造设计图。这个设计非常先进,恰到好处地保留了原来机械的优点,同时克服了已出现的弊病。总经理及董事会的董事见到这个编外清洁工如此精明在行,便询问他的背景。詹姆斯面对公司的最高决策者们,将自己的意图和盘托出,经董事会举手表决,詹姆斯当即被聘为公司负责生产技术问题的副总经理。

原来,詹姆斯在做清扫工时,利用清扫工到处走动的特点,细心察看了整个公司各部门的生产情况,并一一做了详细记录,发现了所存在的技术性问题并想出解决的办法。为此,他花了近一年的时间搞设计,做了大量的统计数据,为最后一展雄姿奠定了基础。

俗话说,退一步路更宽。以退为进,由低到高,既是自我表现的一种艺术,也是生存竞争的一种方略。在一般的情况下,人们在竞争初期总是十分谨慎地保护自己,做到尽可能地不露声色,巧妙隐藏自己的过人之处,才能够在动荡中幸存,这样,便可以使自己较好地避免在竞争中受到别人及对手的"攻击"。

许多刚从学校毕业的年轻人,不懂得这种心理,总是夸耀自己的学历、本事和才能,希望自己能早日被重用。其实,往往事与愿违。明智的做法是:先降下身份和面子,甚至让别人看低自己,克制自己的欲望和冲动,更不应当过早地暴露自己的才华,逐渐积蓄自己的实力,当你默默无闻的时候,你会因一点成绩一鸣惊人,这就是深藏不露的好处。然后再寻找机会全面地展现自己的才华,在知己知彼的情况下,获得竞争中的主动权。

在山区有一种鸟捕鱼的技术十分高明。这种鸟体态十分轻盈,浑身羽毛油黑发亮,像一个小精灵。它在岸边的枝头上停下的时候,头颈的转动频率之快十分惊人,大约一秒钟就有三次左右。这样做的目的,是不放过任何一次猎物出现的机会。果然,它瞄准了一处深水湾,那里鱼儿成群,正在来回游动。它得意地用嘴整理一下羽毛,而后挺直身子,子弹一样射向正对深水湾的空中,稍一停顿,又炮弹一样"嘟"的一声扎进水湾。

我们一定以为它在这一瞬间会叼起一条鱼来的,其实错了——它是直入水底后迅疾将身子收作一团,蜷缩在湾底的砂石上。起初被惊得四散而逃的鱼儿见无什么动静后,又慢慢拢过来,好奇地看着那团射进水里的、在阳光下显得十分怪异的东西,有的鱼儿甚至凑过去试探地叮咬几下,希望那是一团美味。

此时的它,看似不动声色,其实正微张双眼四下观望。很快就瞄定了一条又大又肥的鱼儿。待这条大鱼游到它攻击的最佳位置时,便从湾底展开身子,箭一般射出去。那鱼儿尚未反应过来,便被它叼住,蹿离水面,落在岸边的枝头上。

后退几步,冲力更大,成功的希望可能更大,人生的进退之道也是这样。如果太迫切达到目的,也许会白白增添烦恼而又不能达到目的;而以退为进,表面上看是懦弱,而实际上是一种进攻,可能会有更大的成功。

真正成大事的人是不会强出头的,他们的心机在于暂时低头,放下面子和身架,以退为进,走一条曲线成功之路。一方面和旁人维持着和谐的关系,避免受伤害;另一方面透过冷静的观察,掌握大环境的脉搏,觉得自己的条件在各方面与其他竞争对手比较,有取胜的可能。于是,便当仁不让地冲上前去,自然便可英雄大显身手了。

第三篇 / 如何营造好人生

　　一个人来到世上就像一张白纸,每一个人自生下来的那一刻起,就赋予了这张白纸以某种意义。他以后的所作所为,都将在此白纸上一一得到反映,这里面记录了他生活中的点点滴滴;有快乐,也有悲伤,有幸福,也有忧愁,酸、甜、苦、辣、咸人生五味瓶将在这里得到最好的展示。

第十五章
"爱心"营造好人生的六个方法

方法一 / 对生活多一些感恩

在一次大陆和台湾的十大杰出青年的座谈会上,台湾第37届"十大杰出青年"之一的赖东进向大家讲了他的故事:

他的父亲是个瞎子,母亲也是个瞎子且弱智,除了姐姐和他,几个弟弟妹妹也都是瞎子。瞎眼的父亲和母亲只能当乞丐,住的是乱坟岗里的墓穴。他一生下来就和死人的白骨相伴,能走路了就和父母一起去乞讨。

他9岁的时候,有人对他父亲说:"你应该送儿子去读书,要不他长大了还是要当乞丐。"父亲就送他去读书。照顾瞎眼父母和弟妹的重担落到了他单薄的肩上——他从不缺一天课,每天一放学就去讨饭,讨饭回来就跪着喂父母。后来,他上了一所中专学校并且获得了一个女同学的爱情,可是未来的丈母娘却说"天底下找不出他家那样的一窝人",把女儿锁在家里,用扁担把他打出了门……

故事讲到这里,他提高了声音:"可是,我要说,我对生活充满感恩的心情。我感谢我的父母,他们虽然瞎,但他们给了我生命,直到现在我都还是跪着给他们喂饭;我也感谢我的丈母娘,是她用扁担打我,让我知道要想得到爱情,我必须奋斗必须有出息……我还感谢苦难的命运,是苦难给了我磨炼,给了我这样一份与众不同的人生。"

在一个"与成功者对话"的论坛上,一位听众请教台上的企业家:"您觉得一个人成功的秘诀在什么地方?"企业家没有讲一番大道理,而是告诉在座的各位:"保持一颗感恩的心。只要你对人对事对物保持一颗感恩的心,你一定会成功。"这段话赢得了阵阵掌声。

这位企业家与赖东进的生活态度不谋而合。对生活的苦难不要一味抱怨,要学会感恩生活。

当你有坏情绪产生时,你可以走到小河边,看头上的天空怎样在水里倒映得蓝莹莹;看河边嫩绿的小草,怎样年轻得可以挤出水来;看水中的石头,怎样有灵气得仿佛在讲述一个故事。再想想,你的一生注定了要永远痛苦、永远愤怒、永远错过这样的天与地、水与石吗?上天赐予我们优美的环境,我们拥有亲情、友情、爱情,我们拥有勤劳和智慧,难道还要记恨别人而生活在烦恼里吗?

其实,感恩也是一种习惯,也需要和发现。曾几何时,我们浮躁了安分的心,膨胀了私己的欲望,却忽略了至美的情感;在呼唤世界充满爱的同时,却忽视身边最真切的感情;在寻找友情的同时,却冷漠了至爱的亲情。

感恩让我们发现一切,改变自身。感恩地活着,苦涩也可以变甜。

方法二 / 让感恩走进心灵

生命的个体是相互依存的,每一样东西都依赖其他的东西。无论是父母的养育、师长的教诲、配偶的关爱、他人的服务、大自然的慷慨赐予。人自从有了自己的生命开始,便沉浸在恩惠的海洋里。一个人真正明白了这个道理,就会感激大自然的福佑。

有一位姑娘,给杂志社的编辑写信倾诉她生活中的不幸,她在信上说她至今也没穿过一双新鞋子。收到信的编辑也是一位女青年,不幸的是她是一位残疾人。在回信中女编辑说:"没有鞋穿的人总觉得自己很不幸,因没有鞋子,可当她有一天看到没有脚的人的时候,才真正感觉到什么是真正的不幸。"这位编辑在信中还向这位姑娘推荐一位已经病逝的少年诗人。信上说这位诗人死的时候很年轻,还不到16岁,他的死源于败血症。他是那样地热爱生活,即使在他弥留之际还在用诗来表达那颗热爱生活的心。编辑在信上说:"虽然天空中没有出现翅膀的痕迹,但我确信少年已经飞过了。"

让感恩走进我们每个人的心灵,因为,感恩可以消解内心所有积怨,感恩可以涤荡世间一切尘埃,感恩是一种歌唱方式,感恩是一种处世哲学,感恩更是一种生活的大智慧。懂得了感恩,学会了感恩,每个人便都会拥有无限的快乐和幸福。

方法三 / 在感恩中享受快乐

也许是生活的压力太大,有些人常说:"活着,真累。"也许是遇到不顺的事太多,有些人常说:"活着,真烦。"也许是对柴米油盐的平凡生活厌倦了,有些人常说:"活着,真没劲。"

其实,生活是真实而粗糙的,它不会总是一帆风顺的,也不会总是充满着戏剧性的高潮,更多的时候它是平凡琐碎的,甚至显得沉闷。我们不可能指望它天天都如狂欢节一般,而我们能够做的就是拥有一个好的心态——不对生活抱有不切实际的幻想。因此,我们要感恩我们拥有的,要在感恩中享受快乐。

生活确实很辛苦,我们要吃、要穿,要去找工作、去挣钱,去养活自己

第三篇　如何营造好人生

和家人；要等着评职称、晋级、涨工资、买房子；要去面对生活中的种种琐事；还要应对高考落榜、下岗失业、病痛折磨等等不测。可怕的是，也许有那么一天，我们对生活失去了热情，那样我们的日子就会忧伤，生活就会没有亮点，一切就会索然无味。我们能够改变这平淡枯燥无味的生活吗？

人的一生，是一个不断感动的过程，也是一个不断寻找自我的过程。我们只有在真切面对自我的时候，才会由衷地感动。起床、吃饭、工作、游戏、休息、交友、恋爱、结婚，最后安眠。这些扎实的环节让我们领略生活的乐趣，缺少哪一样都不行。琐屑表现我们生存的安妥，生活的乐趣应从微小事物中去寻求。除非获得你的允许，否则没有人能够令你苦恼。

如果你有一颗感恩之心，生活便会在你的眼里变得越来越美好。如果你带着感恩的心情去工作而不以挣钱为目的，你带着感恩的心情去爱而忘记别人对你的伤害，那么你就会觉得生活着的这个世界是多么美好。

俄国作家索洛古勃对列夫·托尔斯泰说："您真幸福，您所爱的一切您都有了。"托尔斯泰说："不，我并不具有我所爱的一切，只是我所有的一切都是我所爱的。"

哈佛大学曾做过一个有趣的心理调查。调查人员给调查的对象打了个电话，问道："你现在干嘛呢？""上班。""上班感觉怎样？""没劲极了，枯燥乏味。""那你希望干点什么？""还等两个小时下班就好了，我可以和同事一起去酒吧。"

两个小时后，调查人员又打了他的电话。"你现在干嘛呢？""和同事在酒吧。""感觉该好些了吧。""还是没劲，都是些无聊的话题，我正打算去找女朋友。"

过了一小时，调查人员再次拨通了他的电话，"和女朋友在一起快乐吗？""别说了，烦死了。说话时，有个女同事打来电话，询问工作上的事情，女朋友硬是要我交代是不是有外遇了。你说这能不烦吗，我还是回家得了。"

到了晚上,调查人员的电话刚拨通,这个被调查者就先开口了:"别问了,很没劲,杂志翻完了,光盘看完了,有点儿寂寞。""那你想怎样?""还是上班好,明天工作努力点儿,好让薪水多增加点儿。"

有工作可做也是一种幸福。每一份工作其实都有它的乐趣,对工作我们也应该学着珍惜。其实,不只是工作,要平和地对待生活中的每一件事,善意地对待你周围的每一个人,永远保持一种真诚、友爱、宽容、健康的心态,用心去感受生活对我们的恩赐。只有学会了感恩,生活才不会变得枯燥与乏味。

方法四 / 拥有"同理心",站在对方的立场考虑问题

"同理心"是站在对方立场思考问题的一种方式,是一个人人格成熟的标志,以满足人的社会性群居生活方式的需要。

"同理心"饱含着温度与关爱。拥有了"同理心",才会拥有感受他人、理解他人行为和处事方式的能力。

霍布斯认为,同理心是一种将心比心的推论。"发生在一个无辜人身上的苦难,也有可能发生在所有人身上,他是我们在感到他人灾难之后产生的,因为同样的灾难也可能会发生在我们身上。"正是这种对他人感情的强烈共鸣,使一个人能够与他人共同经历痛苦和快乐。

如果我们对于他人的喜忧完全感同身受,与他们共欢笑,共哭泣,我们就是在爱着。当一个人在爱他人的时候,就会与他所爱的心融为一体:看到所爱的人快乐,自己便会同样快乐;看到所爱的人痛苦,自己便会同样痛苦。于是,一个人便会帮助他所爱的人得到快乐摆脱痛苦,就像自己得到快乐,摆脱痛苦一样自然。

谷歌以其独特的风尚吸引着各种优秀人才。它的福利中除了为员工准备按摩师、洗衣房、五星级饭店的免费午餐，最让人惊叹的是可以带心爱的宠物一起上班。其实，谷歌成立之初，并没有这个诱人的待遇，直到一个叫欧亨利的员工把自己的宠物带进了办公室。

当时这个举动立即遭到了主管的责令："你必须马上把它带走！"欧亨利说："我的狗有自闭症，关在家里，只会加重它的病情。"其他一些有宠物的员工也纷纷表示赞同。双方的争执，被谷歌创始人谢尔盖·布林看到，谢尔盖·布林知道如果不能为员工解决问题，团队就不能更好地创作。他当即宣布："从今天开始，可以把宠物带来上班，我们将成立一个宠物学校，毕业后的宠物就可以进入主人的办公室。"这样，谢尔盖·布林的事被口口相传，他被选为当年全美最受欢迎的CEO。

经历过贫贱、困难、挫折、痛苦的人，因为自己对这些东西有体会，所以为别人着想还容易一点。一帆风顺的人、条件优越的人、有名望有地位、才高力大的人，办起事来碰钉子时少，走起路来抬轿子的多，自己达到目的很容易，为别人着想就不那么容易了。甚至，只要有一点点权力的人，在运用这点权力时，为别人着想都不太容易做到。坐办公室的人，想不到前来办事的人的困难；超市站柜台的人，不愿体会购物者的心情；做医生的人，总忘记体贴病人。其实，要是人们能够多为别人着想一些，办起事来就容易多了。

如果人们心中都只有自己，完全不顾他人，那么爱的产生也就成为一句空话了。社会生活愈发展，人与人的关系愈密切，对文明的要求也就越高，就要求人们自觉地把自己放到社会中，想到自己言行的社会影响，想到社会和他人，多一分对他人的包容与爱心。

方法五 / 包容别人的过错

　　包容别人的过错，不是欣赏别人的过错，也不是成就别人去犯错、鼓励别人去犯错，而是允许别人的过错，让别人更好地改过，而不是对他的放纵。包容他人不等于放任其自流，那是不负责任的表现。一味地迁就，就是溺爱，是害人之举，若有人称此为"包容"，那就是对"包容"的一种玷污和歪曲。

　　包容不是软弱，相反，包容是坚强的，因为包容能化解别人对你的不满与怨恨。

　　想想看，你和别人是两个人，由于个性不同，观点各异，产生点小意见是难免的，为什么要钻小胡同呢？把它当作生活的小插曲，过眼的云烟，让它伴风而来，随风而去，因为某些不必要的隔阂和矛盾往往是在这种情况下产生的。

　　如果说人性中最美的部分是包容，那也不为过，有包容才有爱的能力。

　　如果生活中不断地受到怨恨和气愤的困扰，握紧拳头的手怎么去与人握手和拥抱呢？愿意原谅和包容他人的念头在心中生起，就会如一股暖流，让你平息心中的怒气；以一颗不计较的心去化解那些怨恨和怒火，日子肯定会过得更愉快。

方法六／用心去听别人的话

自己脸上的饭粒自己永远看不到,只有别人才能发现;自己身上的缺点和优点同样只有通过别人的评价才能得出。在人生的道路上,有时候走自己的路,也要听一听别人怎么说。

一个人不要一味地"走自己的路,让别人去说吧"!有时候也要停下来听听别人对自己的评价,看看自己所走的路是不是弯路、歪路。

有一次,李开复博士与他所领导的五位经理开了一次会议,他要求五位经理把自己心中对其他经理有保留的地方坦诚地讲出来。最终,有一位经理被其他4位经理认为不太信任。

一个星期后,当李开复博士询问这位不被信任的经理对这件事如何弥补时。这位经理却气愤地回答:"他们之所以不信任我,完全出于对我的嫉妒。"

李开复说:"你怎么知道他们毫无缘由地不信任你呢?"

这位经理无言以对。

李开复又说:"其实,我也不信任你。第一,你不在乎别人的意见;第二,你总以为自己永远是正确的;第三,你总是表现得像个没有感情的人。你可以问问他们,看他们是不是也这样评价你?"

听李开复博士这么一说,这位经理私下征求了另外四位经理的意见,后来豁然开朗,大彻大悟,决定改掉这三方面的毛病。因为他已经认识到了自己的不足,并且站在别人的角度对自己认真审视了一番。如今,这位经理已经成了一位非常出色的领导者,深受大家的欢迎和尊重,员工们也一致认为他比以前更有魅力了。

人生就像一个迷宫,有路得走,无路也得走,一举一动,一言一行,都将对自己的前途和命运产生重大而深远的影响。若干年后,当我们回首往事时,总发现错的太多,对的太少;失败太多,成功太少。因此,要减少错误,避免失败,有时候的确需要听一听别人的评价。尤其是处于人生十字路口的时候,更应该多听听别人的意见或建议,正所谓:"听君一席话,胜读十年书。"

话,不仅要听好听的,不好听的更要听,而且要用心听。要知道:"良药苦口利于病,忠言逆耳利于行。"只要不是恶意中伤、人身攻击的语言,都应择其善者而从之。这对于做好自己,有百益而无一害。

第十六章
"苦难"中营造好人生的四个方法

方法一 / 用辛勤与汗水改变人生

捷克作家米兰·昆德拉说:"旅程无非两种,一种只是为了到达终点,那样生命只剩下了生与死的两点;另一种是把视线和心灵投入到沿途的风景和遭遇中,那么他的生命将是丰富的。"

有些人总是想得到最完美的结局,觉得那样生命才有价值,但我们与其绞尽脑汁、想方设法从困境中解脱出来,还不如真正投入到困苦中去搏斗一番,接受命运的磨炼。

有些人始终不明白,为什么活着一辈子总摆脱不了磨难的纠缠?其实,人生是一个奇数,正因为它有除不尽的地方,才有丰富的韵律。如果生活中没有矛盾,没有不合理的地方,那么我们生存的意义何在?正是我们面临苦难而又去击败苦难,正是我们有过迷离而又摆脱迷离,才能在生命这一过程中拔节,使生命变得充实多彩。

就像我们在看山的时候,如果山不巍峨,便觉得这山没了山的性格,而宁愿去打量一块平地。我们在看海的时候,如果海无波澜,便认为这海没有海的骨气,而宁愿去欣赏一条小溪。

那些正在诅咒着所遭遇的坎坷与挫折的人,别再抱怨命运的不公与冷落,因为这恰恰是命运的垂青。

即使你第100次摔倒,也要第101次地爬起来。或许不经意间,那所经历的磨难,已成为人生一笔宝贵的财富。

看那些曾从磨难中走出来的人的成功背后,都浸透了奋斗的泪泉,洒满了牺牲的血雨。正如孟子所说:"天将降大任于是人也,必先苦其心志,劳其筋骨,饿其体肤,空乏其身,行拂乱其所为,所以动心忍性,曾益其所不能。"

正所谓"吃得苦中苦,方为人上人"。要成为一位受人尊敬的人,必须经过重重磨炼,吃尽千辛万苦,才能享受丰硕的果实。

在动物世界里,也有这样经受磨难而成长的例子。

在茫茫的非洲草原上,当黎明的曙光刚刚划破夜空,一只小羚羊就被妈妈的呵斥声"孩子赶快起来!"惊醒。

"可是妈妈,天还没有完全亮,我能再睡一会儿吗?"

"不行,孩子,赶快跑!如果你跑慢了,就可能被狮子吃掉!你的父亲刚才去觅食时就因为年纪大了跑不快而被狮子吃掉了!"羚羊妈妈流着泪说道。

"要知道,我们跟其他动物相比,唯一可以活命的优势就是奔跑。只有比狮子跑得更快,你才有活命的机会。虽然练习跑步很累,但总比被狮子吃掉要好!"

与此同时,一头小狮子也在母亲的督促下练习跑步。"孩子,赶快跑!我们好几天都没有吃过东西了。这些羚羊们太聪明了,不断地练习奔跑。我们也必须练习,只有跑得过羚羊,我们才有食物!"狮子妈妈催促道。

适者生存。无论磨难多么重,无论压力多么大,为了能活下去,我们就要不断地练习,不断地提升自己,否则只能被淘汰。自然界的竞争是残酷的、血淋淋的。就搏斗的力量对比而言,羚羊是弱者,它不堪一击;而整个羚羊群之所以能够繁衍生息,却证明了它们是强者。它们正是通过不断地练习奔跑,才让自己的物种得以延续。

虽然现实生活中我们看不到刀光剑影、鲜血淋漓的斗争场面,但就生存的严峻程度而言,人生的过程何尝不是一场残酷的斗争呢!

正如"钢琴曲有波澜起伏,水彩画有鲜明黯淡"一样,生活也不是一帆风顺的,挫折和磨难会时不时地成为你生活的一部分。那么你将以何种心态去面对挫折呢?

面对挫折,有人叹息,有人彷徨,有人哀叹老天的不公、命运的多舛。但这些都不能改变什么,你只需勇敢地正视挫折,奋力地回击挫折,并坚信命运掌握在自己的手中,用"勤奋""汗水"和"积极向上"去改变人生,主导命运。

磨难不过是上天考验我们的方法。正是通过这种方法,我们在适者生存的考验中不断地经受磨难,战胜磨难,从而走向成功。明白了这个道理,我们就应该勇敢地面对和抗击磨难,这才是对自己负责的最好方法。

事实也告诉我们:过去无数有成就的政治家、科学家、作家大都有过小时候饱受磨难的经历,这也是他们日后成功的关键所在。所谓"玉不琢,不成器""千锤百炼方成钢"正是对磨难的肯定和称颂。

只有经历过磨难,我们才会懂得珍惜眼前幸福的生活,才能在挫折和失败面前永不气馁、勇往直前。

方法二 / 在酸苦中体现人生价值

有时候,人生中有价值的事,并不是人生的美丽,而是人生的酸苦。在清代李宝嘉的《官场现形记》里面有这样一句俗语:"吃得苦中苦,方为人上人。"只有经历千辛万苦的人,才能获取功名富贵,成为别人敬重的人。

每个人都会遭遇环境不好、坎坷不断、工作辛苦的时候。说得再严重一点,几乎每个人在降生到这个世界时,就注定了要背负起经历各种困难折磨的命运。

但这并不意味着人生没有乐趣,或生命没有价值。我们虽然注定了要靠劳力、靠工作来维持自己的生活,虽然注定了要通过七情六欲来品尝人间各种各样的离合悲欢,但另一方面,我们将会拥有成就感,有机会欣赏这鸟语花香的世界,甚至可以通过对人世冷暖的看法而增加我们的智慧,体味人间苦乐的真谛。有了悲欢,我们才有了爱、同情、善良等美丽的举动。

自古圣贤多磨难。很多时候,往往没有经历磨难,难成大器。表面上看,磨难的日子是苦涩的,可怕的。它可以使一些人意志低迷消沉,无法奋起。但磨难可以说又实在是我们生活中最真诚的朋友,因为真正促使你成熟,促使你坚强、再接再厉、百折不挠,能够鞭策你取得更大进步的不是别人,在一定的意义上正是我们生活中所经历的磨难。

司马迁在备受曲解,遭到宫刑的情况下,发奋著书,写下经典史书《史记》;李时珍如果不是三次落榜,决心从医,他可能就不会写下医学巨著《本草纲目》;小仲马也是在多次退稿再投,受挫不馁的情况下,终于撰写出世界名著《茶花女》。古今中外,在事业上有建树、成功的人士,他们成名之前大多数都经历着生活中的各种磨难。由此可见,我们应该感谢生活中的磨难。感谢生活中的磨难,给我们带来成功的机会和胜利的奇迹。

我们每一次战胜磨难的过程,其实就是超越自我的过程。但是,生活中也有一些胸无大志的人,只是将磨难看成了洪水猛兽,患得患失、自暴自弃,最终也只能虚度了光阴,断送了自己的前程。

红花感谢绿叶;蜜蜂感谢花朵;大树感谢太阳、大地、雨露,正是它们的存在、奉献、馈赠,才能使红花、蜜蜂、大树造福人类。人生的经历不可能一帆风顺,你要感谢所经历或将要经历的磨难,它带给你力量,让你积累经验,使你坚强振作起来。

第三篇　如何营造好人生

磨难是我们"真诚的朋友",没有磨难的社会无法进步,没有磨难的人类无法存活。我们今天的繁荣是祖先一代代不怕艰险、无所畏惧、披荆斩棘发展过来的,人类发展的历史就是一部从磨难到进步的历史。磨难能够造就一个人。和我们所付出的代价比起来,我们的收获是值得的。

人生就是一次旅行。在这次旅行中,我们不如把所受的辛劳和所经历的苦难当作不能不花的旅费。而在这一趟旅程中,我们可以得到各种各样有用的经验。当我们痛苦的时候,我们可以把它看成是旅途中的涉水跋山、走狭路、过险桥。而当我们快乐的时候,那就是我们到达了风光明媚的处所,卸下了行装,洗去了风尘,欣赏流连。也正如旅行一样,我们路过每一片风景,却永远不为某一个而停留,只能在驻足一阵之后,背起行囊去寻觅另一处佳境。

人间的苦苦乐乐,我们不妨把它看作理所当然。做生意顺利的时候,财源滚滚而来,那是顺境。一旦遇上风险、逆境,那就准备过节衣缩食的苦日子来渡过难关。在这样的人生旅行中,不够坚强的人往往会匆匆结束旅行,提早承认自己的失败;而足够坚强的人却明白,我们就是为经历这些风险而来。

作为一个旅行家需要勇气,也唯有有勇气承担旅途风险的人才可以到达人生的胜境,才可以领略到一般人所领略不到的"化险为夷""柳暗花明又一村"的乐趣。懂得旅行乐趣的人,往往不愿意去走那些平坦好走、容易达到的路途。在他们看来,去那些险峻的山、未开发的林或没有人烟的孤岛才是他们真正的乐趣所在。旅行的乐趣在于克服途中的困难,在于到达别人所不易到达的地方,更在于发现新的佳境。

因此,遭遇逆境时,我们要忍一忍、熬一熬,多拿出一份勇气和信心。不要只看到旅途的艰苦,而要把希望的灯光点亮,让梦想照进现实。

每一个人都有受到环境阻挠的时候,与其悲伤流泪,不如默默耕耘,一旦机会来临,自己不仅有足够的条件去应对,还能东山再起,让自己的境遇有所好转。许多事实也证明,生活需要人们在非常有限的条件下一样保持乐天达观的心情。只要你不让自己消沉颓废,任何磨难和逆境都不能击倒你。

方法三 / 做好过程中的每一点、每一滴

2008年奥运会乒乓球女子单打决赛,王楠对张怡宁。王楠将在这次奥运会结束后退役,也就是说,这次单打决赛是王楠乒乓球运动员生涯的结束,可以想象王楠心里多么渴望能够获得这枚奥运金牌啊,给自己的运动生涯画上一个圆满的句号。

比赛第一局王楠出手果断凶猛,一直是压着张怡宁打的,并且顺利赢了这局。在先输一局的情况下,张怡宁冷静稳健,防守反击很见成效。首先做到不失误或少失误,严防王楠的猛烈进攻,然后寻找机会发动进攻,她坚毅冷静的脸上透着成熟和超乎寻常的凝重。而王楠的脸上倒是显露着焦急和紧张,可以看出她的急躁,尽管在比赛的间隙时常露出人们所非常熟悉的微笑,但也难以掩盖她急切的心态。

张怡宁最终连胜四局,以4:1战胜王楠卫冕冠军,最后一球定音的时候,她冷漠的脸上才露出甜蜜的微笑。胜利者是张怡宁,她当之无愧,是平和的心态,冷静的迎战,高超的技术成就了她。

人做一件事,太想赢的时候往往会输,而顺其自然地做好过程中每一点、每一滴,别太在意结果,那样的话往往会赢。王楠输就输在她太想赢了。

韩国早期有一位乒乓球运动员李善玉,在国内屡战屡胜。一次代表国家队参加世界锦标赛,临赛前的一天晚上,她承受不住心理压力,用刀将

自己的手腕割破，谎称有人行刺，她跑了。结果这件事被查清，成为国际上一大丑闻，为此国家队将她除名。

但在随后的韩国国内比赛中，她又屡屡获胜。为了给她机会，国家队又将她重新召回。在一次国际重大比赛中，她遭遇一名之前从未输过的德国运动员。开始，李善玉连赢两局，第三局对方赶上几分后，李善玉开始动摇了，结果连输三局。有媒体评论：李善玉没输在技术上，而是输在只想赢不想输的心态上。

查斯特·菲尔德说："一个富足的个体，在生活中能够笑看输赢得失。他们深信自然和自己的潜能足以实现任何梦想，认为一个成功者周围倒下千百个失败者是不成功的。真正有效的成功者，只在自己的成功中追求卓越，而不把成功建立在别人的失败上。"

方法四 / 不停地努力，再艰苦也要坚持

忍耐与坚持简直是我们一生中最重要的品质，人生哪有所谓的运气可言啊？唯一的运气就是不停地努力。不要想着以后会如何发达，把眼前的事情做好，每天如此，就是不停地为自己创造比别人好的机会和运气。

香港电影明星梁家辉是著名的专栏写手，隔天一篇，坚持了21年，有机会还参与编剧。梁家辉的坚持，使得他三夺金像奖已在情理之中。梁家辉从艺二十几年，辛苦打拼，从跑龙套开始，浮浮沉沉，半红不红，靠着一股不屈的忍耐力，终于修成正果。

梁家辉在首夺影帝头衔之后，落魄到要去摆地摊混日子，很多过路人认出了他。大家肯定都好奇这位最年轻的新科影帝怎么会如此窘迫，这样的落差又有几个人受得了？没错，咬咬牙挺过来的人，就会理所当然地获

得认同与成功。上天是公平的,天道酬勤一点没错。

在关锦鹏的《长恨歌》里,梁家辉将沉稳笃定的气魄在举手投足间散发出来,当得起"老戏骨"的说法了。这些是哪来的?是这么多年来一步一步修来的,是委屈、汗水、努力、沉浮、坚持等浇灌出来的花,开得相当坚强。

运气人人都会有,但没有人告诉你它具体的到来时间。有些人早一点,煎熬得少一点,像与梁家辉同期的刘德华;有些人会晚一点,也更辛苦一点,像梁家辉、黄秋生。但同一个前提是你必须一直在努力,再艰苦也要坚持着,否则上天不会垂青。

成龙当年陪着古龙狂灌白兰地,为的是求到古龙给他写一个剧本。酒过三巡,大家面红耳赤的时候,古龙说:我怎么会给你写剧本?要写我也得找一个长得好看一点的演员呀。成龙跑到外面,边吐边哭,真是风和泪同噎。

周润发初到无线的时候,每天穿得衣冠楚楚地守在电梯门口,见到高层总是一脸谦恭地微笑着,很有礼貌地问候一声,希望得到大家的注意。后来拍《监狱风云》,剧情安排他要跳到粪坑里躲避追捕,周润发二话没说一头跳下去,既不嫌脏也未说臭;郑裕玲所在的"佳艺"倒闭之后随大家投奔"丽的",别人全留下来了,就是不要她,说她"长得不好看"。没办法,改投无线。没戏演,就看戏,看人家的表演,对着镜子练哭笑,读报纸纠正自己的口音,因为她不是本地人。皇天不负苦心人,八十年代中期她就已经是无线公认的当家花旦,最火的时候她一天同时接九组戏,"郑九组"的绰号就是这么来的,长得不好看怕什么?

《喜剧之王》简直就是周星驰的真实写照,不要说有几句台词那么奢侈的机会了,很多时候能给一个正面镜头就会兴奋好几天,而在片尾打出"宋兵甲——周星驰"更是对自己表演的莫大肯定。1976年,周润发曾给伍卫国跑龙套;1980年,黄日华给周润发跑龙套;1983年,周星驰给黄日华跑龙套。今天又有多少人在给周星驰跑龙套?

去问问那些终有所成的名演员怎么看待早年的坎坷,现在的回答肯定是感谢苦难,也感谢自己当年的坚持。梁家辉有段时间什么戏都接,说只要不是自己生活的角色,他都喜欢。这么长的铺垫,如此的勤奋,难怪他能一次又一次地得奖。

谁怜流落江湖上,玉骨冰肌未肯枯。重要的是你自己先站稳了站踏实了,你才会胜出。人生有很多苦,的确是尝一尝比不尝好,早尝比晚尝好。

第十七章
提高自身涵养营造好人生的五个方法

方法一 / 与人交往，以"和"为贵

每个渴望成功的人都应该善于审时度势，把握人与自然、人与社会、人与人之间的关系，做到宠辱不惊、置得失于度外。这样，在待人接物的时候，就可以表现出较高的涵养，将人际与事理中的种种问题处置得更为妥当。

曾国藩在长沙的岳麓书院读书时，同学中有一个人个性很急躁，有一天看到曾国藩把书桌放在窗前，就说："你把光线给挡住了，我读书都看不清字了。你快挪开！"曾国藩便把书桌移开了。晚上曾国藩掌灯用功读书，那人又说："平常不念书，半夜三更的却点着灯念书，还让不让人睡觉了？"曾国藩便不出声地默诵。

不久之后，曾国藩中了举人，传报到时，那个人大怒道："这屋子的风水，本来是我的，反叫你夺去了。本来该我中举人才是。"在旁的同学听了都觉得气愤，就问他："书案的位置不是你自己放的吗？怎么能怪曾国藩呢？"那个人说："正因如此，才夺了我的风水。"同学都觉得那个人实在不可理喻，无理取闹，替曾国藩打抱不平。但是曾国藩却和颜悦色，毫不在意，劝息同学，安慰同室。他以自己的胸襟和涵养平息了同学们的纷争。

当官之后，曾国藩求才心切，因此也有被骗的时候。有一个冒充校官

的人,拜访曾国藩,高谈阔论,不可一世。曾国藩礼贤下士,对投幕的各种人都倾心相接,但是心中不喜欢说大话的人。他见这个人言辞伶俐,心中好奇,当谈论到用人须杜绝欺骗事的时候,那个人正色说道:"受欺不受欺,全在于自己是何种人。我纵横当世,略有所见,像中堂大人这样至诚盛德者,别人不忍欺;像左公(宗棠)严气正性,别人不敢欺。而其他的人就算不欺骗他,他也会怀疑自己受骗,或者上了当还不自知的也大有人在。"曾国藩察人一向重条理,见此人讲了四种"欺法",觉得颇有道理,就对他说:"你可到军营中,观察一下我所用的人。"

第二天,那个人便去拜见营中文武各官,回来后煞有介事地对曾国藩说:"军中多豪杰俊雄之士,但我从中发现有两位君子式的人才。"曾国藩急忙问是何人,那个人就说是涂宗瀛和郭远堂。这正和曾国藩的看法一致,曾国藩大喜称善,将之待为上宾。但因为一时没有合适的职务,便让他督造船炮。

过了几天,兵卒向曾国藩报告那人偷了造船炮的钱逃走了,请发兵追捕。曾国藩默然良久,说:"不要追了。"曾国藩双手持须,说:"人不忍欺,人不忍欺。"身边的人听到后想笑又不敢笑。又过了几天,曾国藩旧话重提,幕僚便问为什么不发兵追捕。曾国藩说:"现今发捻交织,此人其实很有胆识和才华,现在他只是想骗些钱,如果发兵去追,把他逼急了,恐怕会投入敌营,助纣为虐,那危害可就大了。区区之金,与本人受欺之名皆不足道。"

平时我们与人交往,不论是朋友,还是客户,都应该注意"一团和气",避免偏激对人,不要为自己树敌。做人处世若能像曾国藩那样胸襟坦荡、虚怀若谷,从而获取人们对你的支持和真诚相助。

方法二／做自己情绪的主人

美国密歇根大学心理学家南迪·内森的一项研究发现,一般人的一生平均有十分之三的时间处于情绪不佳的状态,因此,人们常常需要与那些消极的情绪作斗争。

情绪变化往往会在我们的一些神经生理活动中表现出来。比如:当你听到自己失去了一次本该到手的晋升机会时,你的大脑神经就会立刻刺激身体产生大量起兴奋作用的"正肾上腺素",其结果是使你怒气冲冲,坐卧不安,随时准备找人评评理,或者"讨个说法"。

当然,这并不意味着你应该压抑所有这些情绪反应。事实上,情绪有两种:消极的和积极的。我们的生活离不开情绪,它是我们对外面世界正常的心理反应,我们所必须的只是不能让我们成为情绪的奴隶,不能让那些消极的心境左右我们的生活。

消极情绪对我们的健康十分有害,科学家们已经发现,经常发怒和充满敌意的人很可能患有心脏病,哈佛大学曾调查了1600名心脏病患者,发现他们中经常焦虑、抑郁和脾气暴躁者比普通人高三倍。

学会控制你的情绪不仅对健康有好处,更是一个人有涵养的表现。当你闷闷不乐或者忧心忡忡时,你所要做的第一步是找出原因。

29岁的弗兰西丝是一名广告公司职员,她一向心平气和,可有一阵子却像换了一个人似的,对同事和丈夫都没好脸色,后来她发现扰乱她心境的是担心自己会在一次最重要的公司人事安排中失去重要职位。"尽管我已被告知不会受到影响"她说,"但我心里仍对此隐隐不安"。一旦弗兰西丝了解到自己真正害怕的是什么,她似乎就觉得轻松了许多。她说:"我将这些内心的焦虑用语言明确表达出来,便发现事情并没有那么糟糕。"

找出问题症结后,弗兰西丝便集中精力对付它。"我开始充实自己,工作上也更加卖力。"结果,弗兰西丝不仅消除了内心的焦虑,还由于工作出色而被委以更重要的职务。

加州大学心理学教授罗伯特·塞伊说:"我们许多人都仅仅是将自己的情绪变化归之于外部发生的事,却忽视了它们很可能也与你身体内在的生物节奏有关。我们吃的食物,健康水平及精力状况,甚至一天中的不同时段都能影响我们的情绪。"

塞伊教授的一项研究发现,那些睡得很晚的人更可能情绪不佳。此外,我们的精力往往在一天之始处于高峰,而在午后则有所下降。"一件坏事并不一定在任何时候都能使你烦心,"塞伊说,"它往往是在你精力最差时影响你。"

塞伊教授还做过一个实验,他在一段时间里对125名实验者的情绪和体温变化进行了观察。他发现,当人们的体温在正常范围内处于上升期时,他们的心情要更愉快些,而此时他们的精力也最充沛。

根据塞伊教授的结论,人的情绪变化是有周期的。塞伊本人就严格遵循着这一"生物节奏"的规律,他往往很早就开始,"我写作的最佳时间是早上",而在下午,他一般都用来会客和处理杂事,"因为那时我的精力往往不够集中,更适合与人交谈"。

最近一项调查表明,美国的成年人平均每晚的睡眠时间不足七小时。

匹兹堡大学医学中心的罗拉德·达尔教授的一项研究发现,睡眠不足对我们的情绪影响极大,他说:"对睡眠不足者而言,那些令人烦心的事更能左右他们的情绪。"

那么,一个成年人到底睡多长时间才足够呢?达尔教授做了一个实验,他在一个月的时间里,让14名被试者每晚在黑暗中待14个小时,第一晚,他们每人几乎睡了 11 个小时,仿佛是要补回以前没睡够的时间,此后,他们的睡觉时间满满地稳定在每晚 8 小时左右。

在此期间,达尔教授还让被试者一天两次记录他们的心情状态,所有的人都说在他们睡眠充足后心情最舒畅,看待事物的方式也更乐观。

许多专家认为与自然亲近有助于你心情愉快开朗,著名歌手弗·拉卡斯特说:"每当我心情沮丧、抑郁时,我便去从事园林劳作,在与那些花草林木的接触中,我的不快之感也烟消云散了。"

方法三 / 心高但不可气傲

有一只老鹰来到密林深处,它决定在这里定居下来,于是就挑选了一棵又高又大的橡树,在最高的一根树枝上开始筑巢,准备夏天在这儿孵养后代。天天在树下面打洞的鼹鼠,很清楚这棵橡树的根几乎烂光了。于是它就劝老鹰:"这棵树随时都有倒掉的危险,在这儿筑巢很危险的。"

老鹰却不以为然:我能搏击长空,还需要你这见不得天日的鼹鼠来提醒吗?你的目光有我的眼睛锐利吗?

老鹰根本不听鼹鼠的劝告,立刻动手筑巢、搬家,后来又增加了一窝可爱的小家伙。有一天,外出打猎的老鹰带着丰盛的早餐飞回家来。然而,那棵橡树已经倒掉,老鹰的一家子全部摔死了。看见这家破人亡的情景,骄傲的老鹰悲痛不已,它后悔地哭道:"我太自以为是了,将自己看得太高,是自己害了自己!"

对自己估计得越高,失败的可能性就越大。高估自己的人常常会有很多弱点:或者眼高手低,或者自以为是,或者虚荣心强,或者不服管教。

我们做事固然要有信心、要自信,但自信并不是狂妄,并不是自高自大。如果将自己估计太高,期望值太高,迟早会栽跟头、跌跤的。

其实,我们又有什么好骄傲的呢?一位哲学家说得好,人飞不过鸟,游不过鱼,跑不赢豹,打不过熊……我们在做出成绩的同时,一定要看到自己的不足。一位学生问老师自己何时可以取得学位。老师说:"当你觉得自己无所不知时,可以得到学士学位;当你认为自己有所不知时,能够获得硕士学位;当你感到自己一无所知时,博士学位就可以授予你了。"

一个人自恃才能过人,总是表现过多、锋芒太露,就会给对手带来压力和不快,别人就会感觉到你气势太盛、不可一世,压得他喘不过气来,将你视作眼中钉肉中刺,尤其是当你的傲然之气表现出来的时候,他甚至会怒火中烧,不择手段地对你施以明枪暗箭。所以,做人必须学会收敛锋芒、韬光养晦。

作为一个人,尤其是一个自认为有才华有前程的人,要做到"心高不气傲",既能有效地保护自己,又能充分发挥自己的才华,就要战胜盲目自大、盛气凌人的心理和作风,凡事不要太张狂太咄咄逼人,并且还应当养成谦虚让人的美德。这不仅是有修养的表现,也是生存发展的策略。

巧妙的掩饰之所以是赢得赞扬的最佳途径,是因为人们对不了解的事物抱有好奇心,不要一下子展现你所有的本事,一步一步来,才能获得扎实的成功。倘若你处处刻意卖弄,志得意满时趾高气扬、不可一世,这样不被别人当靶子打才怪呢!

曾经当过苏军大本营总参谋长的华西里也夫斯基,许多时候能使斯大林不知不觉采纳他的正确的作战计划,这与他做人技巧有很大的关系。

斯大林在办公室与华西里也夫斯基谈天说地地"闲聊"时,华西里也夫斯基往往会"不经意"地"顺便"说一些军事问题,既不郑重其事,也不头头是道。果然如他所料,等他走了以后,斯大林往往能想起一个好计划。

整个第二次世界大战期间,斯大林的军事上最倚重两个人:一个是军事天才朱可夫,一个就是上述的华西里也夫斯基。

甚至有人说，军事天才朱可夫之所以被斯大林倚重，从某种意义上来说，正好与斯大林倚重大智若愚的华西里也夫斯基有关。因为倚重朱可夫，也是华西里也夫斯基的主意。

所以无论你有如何出众的才智或高远的志向，都要时刻谨记：心高不可气傲。不要把自己看得太了不起，不要把自己看得太重要，必须审时度势，尽量收敛起锋芒，以免惹火烧身，影响前程甚至危及生命。

方法四 / 摆正自己的位置，把姿态放低些

建立自我，追求无我，是谦虚的一种方式。

上午开朝会，F 总谈到上周在香港参加长江商学院 CEO 班时的事情，总结出来一个道理，越伟大越渺小，越成功越谦虚！

F 总一班共有 30 余名学员，因为是在香港上课，且李嘉诚对长江商学院有持久的投入，所以安排了一次与李嘉诚的工作午餐会，让学员与这位华人首富有 3 小时的时间亲密接触。

当电梯到达长江大厦 27 层，学员走出电梯时，李嘉诚已经站在电梯门前迎接学员，并一一握手问候。在酒会的 30 分钟里，李嘉诚走到学员中间，一一握手并询问学员来自哪家企业，所在哪个行业，并说"向你们学习"。

在用餐时间里，每半个小时李嘉诚就会换一个座位，与每一桌的人进行交流。用餐结束后，李嘉诚又亲自把学员送上电梯，并一一握手告别。

F 总在席间斗胆问了李嘉诚一个问题：有什么最重要的忠告要告诉在座的所有企业家们。李嘉诚想了想说："我一生追求八个字——建立自我，追求无我！成功的最好方式是——每天学习，每天进步！"李嘉诚现年 78 岁，他每天晚上都会看书，不断地学习。

一个人有了不凡的成就，在言谈间姿态放得很低，这个人就是摆正了自己的位置，懂得处理自我与他人的关系。自古以来，人们有许多这方面的格言警句启迪后人。如，"谦虚使人进步，骄傲使人落后"，"虚心竹有低头叶，傲骨梅无仰面花"，"百尺竿头，还要更进一步！"等等。

一个人只有了解得越多，他才越认识到自己知道得很少。这是一条人类认识发展的规律。剑桥大学的一个学生认为自己已"学有所成"，去向老师辞行，这位老师深知这位学生的底细，看着这位"学有所成"的学生，老师慨然道："事实上，我自己才刚刚入门。"

浅薄的人总以为地下天上无所不知，而富有智慧的哲人深感学海无涯，自己永远是个学子。牛顿曾有感于此，他说他只不过是一个在大海边拾到几只贝壳的孩子，而真理的大海他还未曾接触。所以，稻穗越满，越是低头，人越是成功，便越懂得谦虚。

方法五 / 永远保持学习的姿态

一个人无论多么聪明，多么有才华，他的知识和本领也是非常有限的。因此，每个人都应持谦虚态度，不断学习，不断进取。

孔子的弟子子路性格直率，过于鲁莽，很多时候也表现得不够谦虚，孔子常常批评教训他。有一次，子路、曾皙、冉有、公西华四个人陪孔子闲坐，孔子说："你们平时总是说：'没有人知道我呀！'假如有人知道了你们，你们打算怎么办呢？"子路急忙回答说："一个拥有一千辆兵车，夹在大国之间，加上外国军队的侵犯，甚至还赶上荒年的国家，如果让我去治理，只需用三年的工夫，我就可以使人人勇敢善战，而且还懂得做人的道理。"孔子听了以微微一笑表示对他的批评。孔子说："治理国家要讲礼让，可是，子路说话却一点不谦让,怎么能治理好国家呢?"

还有一次,孔子带着几个学生到庙里去祭祀,刚进庙门就看见座位上放着一个引人注目的器具,据说这是一种盛酒的祭器。学生们看了觉得新奇,纷纷提出疑问。孔子没有回答,却问寺庙里的人:"请问您,这是什么器具啊?"守庙的人一见这人谦虚有礼,也恭敬地说:"夫子,这是放在座位右边的器具呀!"于是孔子仔细端详着那器具,口中不断重复念着:"座右,座右,"然后对学生们说:"放在座位右边的器具,当它空着的时候是倾斜的,装一半水时,就变正了,而装满水呢?它就会倾覆。"听了老师的话,学生们都以惊异的目光看着他,然后又看着那新奇的器具。孔子看出大家的心思,和蔼地问大家:"你们有点不相信吗?咱们还是提点水放到器具里试试吧!"说着学生们就打来了水。往器具里倒了一半水时,那器具果然就正了。孔子立刻对他们说:"看见了吧,这不是正了吗?"大家点点头。他又让学生继续往器具里倒水,器具中刚装满了水就倾倒了。孔子赶忙告诉他们:"倾倒是因为水满所致啊!"

那位直率的子路率先发问:"难道没法子让它不倾倒吗?"孔子深深地望了大家一眼,语重心长地说:"世上绝顶聪明的人,应当用持重保持自己的聪明;功誉天下的人,应当用谦虚保持他的功劳;勇敢无双的人,应当用谨慎保持他的本领,这就是说要用退让的办法来减少自满。"学生们听了这含义深刻的话语都被深深地打动了。

谦虚是一个人认识世界的一种反馈,是我们的生命抵达更高层次的一把钥匙。谦虚是一个坚实的阶梯,它能引领人们不断攀登知识与人格的高峰。谦虚是一种姿态,懂得谦虚是一种睿智。一个谦虚的人,有自知之明,能够比较清醒地认识自己的优点和缺点。

一个人无论经验多么丰富,在错综复杂的客观事物面前,对问题的认识和处理也难免失于偏颇。因此,做人切忌自满,一定要保持谦卑的态度。

第十八章
以君子风度营造好人生的七个方法

方法一 / 让自己的生命为他人开一朵花

能为别人开花的心是善良的心,能为别人缤纷的赞美是真诚的情,能为别人的生活绚丽而付出的人是不寻常的人。

种花老人桑迪·巴雷特发现儿子脚下踩翻了一盆玫瑰,老人说:"你踩伤了玫瑰,玫瑰却给你的脚底留下了清香!"让自己的生命为他人开一朵花,为他人灿烂一片心地,增加一缕温馨,添一个生存下去的理由,多一点向上攀登的勇气,就是提高自己的生存质量。

有一个男孩是农村的,他们的村子旁边有一个几万平方米的很美丽的天然水湖。一个春季里的某天,下了一场细雨后,到处一片水雾蒙蒙的,他看到水湖那边的景象很美,便到那里去走走。

他看到有一个六七岁的小女孩在水湖边上玩,觉得这样会很危险,便走过去想提醒她离水湖远一点。走上前去他看到这个小女孩在用一个小棍子掘水湖边上的泥土,挖了一个不是很深的坑后便把一株桃树苗种进去,把土掩上后又去挖另一个坑。他便过去帮这个小女孩,和她的交谈中知道,这些桃树苗是她从路旁径边寻找来的,因为听妈妈说今天是植树节,便找了些树苗拿到这里来种了。

后来这个男孩到外地读书了,家也搬到外地去了。好多年后的一个春天，他回到老家，看到湖边上连绵长有二十多棵桃树，开满了嫣红的花，把湖衬得更加好看了。他想起它们是以前他和那个小女孩一起种的，想不到当初还不及一支筷子粗大的桃树苗如今长这么高大了，还开了满树的花，还能看到一些花落去后露出的小小的果子。于是他的心中不禁有些激动，也想去找找那个小女孩，和她聊聊，看看她现在怎么样了。可结果很令他吃惊，那个小女孩居然死了好多年了，据说是有一回她从湖里舀水去浇桃树苗的时候掉进湖里溺死了。

　　他看着这一片的桃花想，这个小女孩虽然死了，可她却给大家留下了一道美丽的风景，这些桃花绰若地盛开在水湖边，水湖看上去更美了，不像往昔那样，水湖岸边空无一物，美得太单调；她也只是在这个世界上匆匆地走了一遭，什么事也没做，可这些桃树帮她开出了嫣红的花，结出了丰硕的果实，它们把她的生命长远地延续了下去。大家都说这个小女孩当初种下的桃树自从第一年开花结果后，桃子年年都挂满了枝头，桃子又大又甜，味道好吃极了。

　　当我们每一个人都在为自己生活里的许多事情而忙碌的时候，是否也该想一下为别人而开一些嫣红的花，为别人而留下一些果实呢？

　　一次无偿献血是一朵花，一个受伤后的救助是一朵花，一次善意的批评是一朵花，一句关切的问候是一朵花，一次适时的看望是一朵花，一个及时的电话是一朵花，一个亲切的微笑是一朵花，一次碰撞后的忍让是一朵花，一次跌倒后的搀扶是一朵花，一次大度的让贤举荐是一朵花……让自己的生命为他人开一朵花，为他人灿烂一片心地。用自己的心为他人做画，给他人吐一丝绿茵，染一片色彩，就是给自己的人生喝彩。

方法二 / 要学会给人让道

与其挡对方财路,不如自己另辟财路,因为挡住别人财路容易引起争夺,可能你什么也得不到。如果没其他财路,那不如共享利益,双赢的结果总要好过两败俱伤。

安失业后,在父亲的帮助下,租了间门面房,开了家鲜花店,用以弥补日渐贫困的家庭。由于地理位置的原因,加上又没有特别醒目的标识,安的鲜花店生意惨淡。为了招揽生意,安决心将一些鲜花从店里搬出来,这样,门口就被打扮得花团锦簇,远远望去,成了一道亮丽的风景线。

一天过后,安打开门时,却突然发现自己门前摆着的几盆鲜花不见了,仔细一看,却摆在右邻家门口,本来生意不好,这不是明摆着欺负人吗?安气不打一处来,便要出去与人家理论。安的父亲拦住了安,他说,不要与人家吵,他们也有难处,我自有妙法。

安的父亲要求安再从店里搬出几盆鲜花来,把它们放在左邻的门口,然后,把自己门口原来摆着的花挪到了右邻的门口。安诧异地望着父亲,不知他葫芦里卖的什么药,本来人家就需要鲜花,这可好,他又变本加厉地送给人家,这不等于把自己向火坑里推吗?尽管安一百个不愿意,但父亲的做法自有自己的道理,安问他时,他却神秘地不说话。

第二天早上,这里的鲜花同时在争奇斗艳,景色非常壮观,人们纷纷过来询问,到两家饭店门口,才知道鲜花店在中间位置,于是,安的生意开始转好。而同时,安的鲜花生意也带动了两家饭店的生意,他们的老板纷纷出来与安的父亲握手,说安的父亲无意中帮了他们,安的父亲高兴地对他们说,应该感谢你们,是你们允许我将鲜花摆到你们的门口,是你们替我做了广告。

与其挡人财路,还不如自己另找财路。绝大多数人都是为钱而工作,这无可厚非,因为生活需要钱,没有钱便无法生活了。即使生活已经无忧,钱也是人人喜爱的东西,这是人类最基本的欲望之一,所以挡人财路是一件很危险的事情。

挡人财路的原因和手段有很多,但后果都只有一个——引起对方的憎恨。有的立即做出反扑的动作,有的则"君子报仇,十年不晚",至少你和对方已有了嫌隙。

有位企业家在做报告时,一位听众问:"你在事业上取得了巨大的成功,请问,对你来说,最重要的是什么?"企业家没有直接回答,他拿起粉笔在黑板上画了一个圈,只是并没有画圆满,留下一个缺口。他反问道:"这是什么?""零""圈""未完的事业""成功",台下的听众七嘴八舌地答道。他对这些回答未置可否:"其实,这只是一个未画完整的句号。你们问我为什么会取得辉煌的业绩,道理很简单,我不会把事情做得很圆满,就像画个句号,一定要留个缺口,让别人去完善。"留个缺口给他人,并不说明自己的能力不强。给别人让路的智慧,是一种更高层次上带有全局性的圆满。《周易》的最后一卦叫"未济",其意与此颇有相通之处,即让水向下流,让火向上升。

方法三 / 成人之美,实现自我价值

成人之美,是君子自己完成自己、自己实现自己的一种方式。

苏秦、张仪本是要好同学,苏秦深知张仪的学问在己之上。但苏秦却先成功了,做了六国的宰相。当落魄的张仪前来投靠苏秦时,谁知竟遭

到他无数的奚落。愤怒的张仪决计只身赴秦,自找出路。苏秦却暗中派人沿途照料,补给张仪所需,直到张仪高就宰相,才明白苏秦为不埋没他的才干,不使张仪依赖苏秦所想出的办法,目的是成全能者,可谓用心良苦,使张仪感激不尽。

在汉语中,称最好的朋友为"管鲍之交"。管仲是政治奇才,但是如果没有鲍叔牙的推荐,他很可能早就被无情地埋没了。因为他的才能与智能,一直是潜藏的,不仅没有机会表现出来,而且还显得很无能的样子。只有鲍叔牙知道他欣赏他。如果不是鲍叔牙的成人之美,一心想着朋友的好,管仲早就被世人抛弃。鲍叔牙之所以能够不抛弃管仲,他知道他的朋友是一块真正的玉,一心努力要帮他完成这块美玉。所以,鲍叔牙不仅帮助了管仲,而且创造了中国文化史上不朽的道义:朋友之道的美好与高贵。

《霸王别姬》是一出有名的京剧。四面楚歌的时候,虞姬为什么还有心思为霸王舞剑呢?虞姬舞剑,非常含蓄,非常美,有一种中国式的悲剧精神,她最后的拔剑自刎身亡,不仅是免得自己成为霸王的累赘,而且也是完成一种生命非常之美,因为楚霸王的生命是一种非常之美,她爱其所爱,便将自己的生命,化为最后的流星闪过夜空,这里有一种中国人蕴含深情厚意的极致的表现,是一种高调的成人之美。

君子完成自己有两种方式,一是修身治心,即"成己";一是推己及人,即"成物"。君子所"成"的别人之美好,其实也是他自己的美好。不仅是以文化的方式求得心灵相通,而且是以文化的方式求得心灵相融。

"成人之美"的一大前提,是生命情调的认同、理解与知赏。生命情调的认知,造成了心灵相通的欢契与灵魂的相互成全。助人为乐,济人危难,这种成人之美是人类最美好的思想感情。在这个相互依存的人类社会,人与人之间必须互相关心、互相爱护、互相帮助。真正做到一方有难,八方支援。

成人之美是高尚的,当自己的幸福以别人的痛苦为前提时,成人之美的人都自愿地放弃自己的幸福,这就是他们的高尚精神所在。主动支援一时经济拮据的友人,使其免除后顾之忧;尽力帮助友人掌握知识,使其早日榜上有名等,总而言之,凡是好事情、好愿望,你伸出热情之手,予以大力帮助,使之功成事就,都可以说是"成人之美"的"君子"行为,都是得人心、受欢迎的。

方法四 / 淡泊名利,共享荣誉

居里夫人一生两次获得过诺贝尔奖,得过各种奖金10次,各种奖章16枚,名誉头衔117个。有一天,一位朋友来她家做客,忽然看见其小女儿正在玩英国皇家学会刚刚颁发的一枚金质奖章。朋友大惊道:"居里夫人,现在能得到一枚英国皇家学会的奖章是极高的荣誉,你怎么能给孩子玩呢?"居里夫人笑了笑说:"我是想让孩子从小就知道,荣誉就像玩具,只能玩玩而已,绝不能永远守着它,否则就将一事无成。"

请谨记淡泊名利。当一件事你能做,别人也能做的时候,你应该让给别人做;当一份荣誉,你能得,别人也能得的时候,你应该让给别人得;当一个职位,你能坐,别人也能坐的时候,你应该让给别人坐。

第一次登陆月球的宇航员,其实共有两位,除了大家所熟知的阿姆斯特朗外,还有一位是奥尔德林。当时阿姆斯特朗所说的一句话"我个人的一小步,是全人类的一大步"早已是全世界家喻户晓的名言。

在庆祝登陆月球成功的记者会中,有一个记者突然问奥尔德林一个很特别的问题:"由阿姆斯特朗先上去,成为登陆月球的第一个人,你会不会觉得有点遗憾?"

在全场有些尴尬的气氛下，奥尔德林很有风度地回答："各位，千万别忘了，回到地球时，我可是最先出太空舱的。"他环顾四周笑着说，"所以我是由别的星球来到地球的第一个人。"

大家在笑声中，给予了他最热烈的掌声——因为他对名利的豁达。

名利，可能是人最大的欲望。名利给人带来的好处实在是太多了，它的诱惑之大，足可以改变每个人的分子结构。好人变坏人，正常人发疯，都少不了名利的诱惑。名利是如此美妙，自然有不少人对它极其热衷。但名利有好处，也有坏处。一方面，竞争规律决定了总会有失败的人，那种费尽心机，到头来却两手空空的人必然痛苦得要命。佛曰人有八种苦，"求不得苦"就是特别苦的一种。另一方面，"木秀于林，风必摧之"，就算你名利双收了，也并不是万事如意，单是那些从背后射过来的暗箭就够受的了。如果你没有足够的能力来招架，避免这些暗箭，迟早会反受名利之害。正所谓"匹夫无罪，怀璧其罪"，名利正是这块"璧"。

俄国寓言大师克雷洛夫曾对名利进行了精辟的阐述："这样的人更值得尊敬，他默默无闻地躲在暗地里，在漫长的辛苦的日子里无酬地劳动，得不到光荣也得不到表扬；只有一种思想鼓舞着他的辛勤劳动：他的工作对大众是有益的。"当你不需要让所有的注意力都集中在你身上，反而让别人享有荣耀时，你的精神就会发生某种奇特的改变，享受到一种宁静的感觉。

我们的内心需要得到他人关注时，它会想方设法地对他人说："看着我，我很特别，我的故事比你的有趣多了。"我们内心的声音虽然并未直接说出来，却相信"我的成就比你的重要一点"。这个自我是我们想要被看见、被听到、被尊敬、被认为特别的那个部分，通常就算牺牲别人也在所不惜。就是这个部分打断了别人的故事，或是不耐烦地等待轮到自己发言，以便将谈话的重心和注意力拉回到自己身上。大部分人或多或少都有这样的习惯，只是程度不同罢了。当你立刻跳出来将话题拉回自己身上时，你狡猾地将对方所分享的喜悦降到了最低限度，结果也拉开了你跟他人的距离，这样，谁都没有得到好处。

不要脱口就说："我也做过同样的事。"或"猜猜我今天做了什么事？"忍一下，看看会发生什么事。只要说："太棒了！"或"继续说下去……"这样就好了。跟你说话的人会觉得有趣多了，因为你比较"投入"，因为你倾听得比较用心，他（她）不会感觉到需要跟你竞争，反而会感到跟你在一起很轻松。

尤其需要提及的是，不要独占荣誉，要立即转送出去，让那些默默无闻地帮过你的朋友或部属也分享这份荣誉。要知道，你现在的成就并不完全是由你一个人创造出来的，即使你不曾正视这个问题，但不可否认一定有人曾经帮助过你。当你能公开地对自己及他人承认，你并非独立达成这些成就，所以不能独享荣耀时，一种完美和谐的感觉会在你的内心和你的人际关系中逐渐浮现。如果你身边都是正直又有能力的人，而这些人又和你有相同的观念及类似的价值观，你会发觉慷慨地将功劳归于他人并不是件困难的事。

大多数时候，人们应适当地交换经验、分享荣耀与注意力，而非全部放弃。当然，不能从他人那儿刻意地抢夺荣誉。当你放弃贪得无厌的荣耀需求时，你以前需要从别人那儿得到的注意力也就被一种安静的内在自信所取代，而这个自信正是来自让他人享有荣耀。

方法五 / 关键时刻把热情之手伸给别人

你在关键时刻帮人一把,别人也会在重要时段助你一臂之力!当你把帮助的手热情地伸给别人,别人就给了我们成为天使的机会。

在一次激烈的战斗中,一名战士发现一架敌机向阵地俯冲下来。按理,他应该立即卧倒,但他发现离他四五米远处的一个小战友还站在那儿。他没有多想,一个箭步冲过去把小战士紧紧地压在了身下。此时,一声巨响,炸起的泥土纷纷落在他们的身上。这名战士爬起来拍拍身上的尘土,回头一看,顿时惊呆了:刚才他所站的位置被炸出了两个大坑。那名战士为了救自己的战友而奋不顾身,结果恰恰是救了自己。

上海的一个冬夜,一名出租车司机送一位客人从浦东大道到浦西的海鸥饭店。当车子进入一条隧道时,客人突然要求掉头,原因是他出门的时候换了衣服,忘了带钱。看到客人的窘态,这位出租车司机倒是反过来宽慰起客人。等把客人送到目的地后,又送给客人30元返程的车钱。回去后这位司机就忘记了这件事,因为这不是他第一次那样做。几天后,客人打电话给他,邀请他为他做司机。这个客人叫龚天益,纽约银行上海分行行长。那个司机叫孙宝清,上海一个普通的打工仔。孙宝清真心诚意地帮助一个素不相识的陌生人,最终使自己找到一个更好的工作。

某一个雨天的下午,有位老妇人走进匹兹堡的一家百货公司,漫无目的地在公司内闲逛,很显然是一副不打算买东西的样子。大多数的售货员只对她瞧上一眼,然后就自顾自地忙着整理货架上的商品,以避免这位老妇人去麻烦他们。

其中一位年轻的男店员看到了这位老妇人,立刻主动地向她打招呼,很有礼貌地问她,是否有需要他服务的地方。这位老妇人对他说,她只是进来躲雨罢了,并不打算买任何东西。这位年轻人安慰她说,即使如此,她仍然很受欢迎,随后搬了把椅子请她坐下休息,并且主动和她聊天,以显示他确实欢迎她。当她离去时,这名年轻人还陪她到街上,替她把伞撑开,这位老妇人向这名年轻人要了一张名片,然后径自走开了。

之后,这位年轻人完全忘了这件事情。但是有一天,他突然被公司老板召到办公室。老板向他出示一封信,是位老太太写来的。这位老太太要求这家百货公司派一名销售员前往苏格兰,代表该公司接下装潢一所豪华住宅的工作。

这位老太太就是美国钢铁大王卡内基的母亲,也就是这位年轻店员在几个月前很有礼貌地护送到街上的那位老太太。

在这封信中,卡内基夫人特别指定这名年轻人代表公司去接受这项工作。这项工作的交易金额数目巨大。这名年轻人如果不是好心地招待这位不想买东西的老太太,那么,他将永远不会获得这个极佳的晋升机会了。

一泓清潭慷慨给予了农田一脉清水,它自己就得到了注入一脉新水的机会,于是这泓清潭不腐,始终荡漾着澄澈和鲜活。一个树根慷慨给叶子以养分,而叶子却给了它阳光和氧气,于是这个树根越来越壮,越扎越深。帮助别人,就是帮助自己。

在我们漫长的人生道路上,谁也难免遇到一些难处。只要我们伸出帮助之手,我们总会有收获的。在人生的道路上,搬开别人脚下的绊脚石,有时候恰恰是为自己铺路;帮助别人,有时候恰恰是帮助自己。用一句话说是"送人玫瑰,手有余香"。

方法六 / 把完美留在梦境

Share 在一家杂志社工作,作为文字工作者的 Share,每天都在咀嚼文字的好与坏,为了一个字甚至标点符号,Share 会花很长去思考,"晚上做梦都会梦到我在电脑前,盯着那个字看,过了一会儿,那个文字就变成了人,指着我说,'你用我不合适,找别人吧'。白天起来就一身汗,想昨天自己交的稿子是不是又有什么地方写错了,然后就打开电脑,把文章找出来,从头到尾看一遍。"这样的事情时常发生,以至于现在的 Share 每天早晨睁开眼睛的第一件事情就是开电脑。"我很怕自己做错什么,通常,不保险的事情我宁愿不做。"

很多时候,人都太过苛求完美。追求容貌美的则欲倾城倾国,美艳无瑕;追求事业兴的则想事事顺意,其宏图一展无余;当运动员的想每一天都有所进取,每个动作技巧都毫无破绽;学生们追求门门优异,科科高分,次次独占鳌头……

平心而论,想让自己的能力和境界达到高水平,这无可厚非:谁天生就甘愿居后呢?然而,倘若一个人处处要求自己尽善尽美,这个目标暂且不论高低与否,这种心思未必可取。

所谓人非圣贤,谁能做到处处强于人呢?苛求完美,强迫自己去达到每一个既定但相对邈远的目标,于身于心都是一种折磨。倘使目标达不到,心气势必受挫,失败感充斥于心——这种失败感又是常人无法理解的——你何以选择这样的目标;即使侥幸达到目标,完美主义的信仰在胜利的喜悦催化下必定让你去定下一个更具难度的完美目标。当然,难度越大,压力越大,当压力大到难以承受之时,心理可能就有崩溃的危险。

前几年，一个名牌大学成绩特别优异的女生，从上大一时就准备三年内修完所有学分并再选修一个专业，拿到双学位，然后提前毕业出国深造。想法不错，但是实现就困难了。她开始很有信心，必修课选修课甚至别的专业的专业课都门门第一。修了如此多的课很快就让她力不从心，很多课程拉了下来。从小好强苛求完美的她受不了这种打击，精神陷入一种崩溃状态，以致精神分裂。后来她不得不被送回家中休学。

完美永远只是一种理想，是无人能企及的境界。所以，追求完美实为不必。其实仔细想想，我们每个人都有长处，让别人羡慕的地方，又何必只往短处看，不能知足呢？

维纳斯残臂塑像是被世人赞美的顶级作品。但是它并不完美。这或许也正是它闪光的地方：多少著名大师想为它复原双臂都失败了，而残缺的美却流传于世。所以，不要背上完美主义的包袱，让自己被虚设的光环蒙蔽。把完美留在梦境，现实中仍做回真实的自己。

方法七 / 欣赏自己的不完美

天上的云，哪一朵集自山间蒸腾的烟雾？哪一朵来自海上的雾气？它们不断变化，哪一朵是完美的？做人，要经历多少成功，要看到多少辉煌，才算完美？"众里寻他千百度，蓦然回首，那人却在，灯火阑珊处。"天上也许会有最完美的云，但世上没有最完美的人。学会了珍惜和付出，你便是完美的，你便拥有了圆满的人生。

一位心理学家做了这样一个实验：他在一张白纸上点了一个黑点，然后问他的几个学生看到了什么。学生们异口同声地回答，看到了黑点。于是，心理学家得到了这样的结论：人们通常只会注意到自己或他人的瑕疵，而忽略其本身所具有的更多的优点。是呀，为什么他们没有注意到黑点外更大面积的白纸呢？

一位人力三轮车师傅，五十多岁，相貌堂堂，如果去当演员，应该属偶像派。当别人问他为什么愿做这样的"活儿"，他笑着从车上跳下，并夸张地走了几步给人家看，哦，原来是天生的跛足，左腿长，右腿短。弄得问者很尴尬，可他却很坦然，仍是笑着说，为了能不走路，拉车便是最好的伪装，这也算是"英雄有用武之地"。他还骄傲地告诉别人："我太太很漂亮，儿子也帅！"

有这样一位女子，她喜欢自助旅行，一路上拍了许多照片，并结集出版。她常自嘲地说："因为我长得丑，所以很有安全感，如果换成是美女一个人自助旅行，那就很危险了。我得感谢我的丑！"

英国有位作家兼广播主持人叫汤姆·撒克，事业、爱情皆得意，但他只有1.3米，他不自卑，别人只会学"走"，他学会了"跳"，所以，他成功了。他有句豪言："我能够得到任何想要的东西。"

其实，在人世间，很多人注定与"缺陷"相伴而与"完美"相去甚远的。渴求完美的习性使许多人做事比较小心谨慎，生怕出错。因此，必然导致其保守、胆小等性格特征的形成。

在现实生活中我们不难发现，有的人长得一表人才，举止得体，说话有分寸，但你和他在一起就是觉得没意思，连聊天都没丝毫兴致。这些人往往是从小接受了不出"格"的规范训练，身上所有不整齐的"枝权"都给修剪掉了，于是便失去了个性独具的风采和神韵，变得干巴、枯燥，没有生机，没有活力。客观地说，人性格上的确存在着"缺陷美"，即在实际生活中，那些性格有"缺陷"而绝对不属于十全十美的人反而显得更具有内在的魅力，也更具有吸引力。

不仅人自身是不完美的，我们生活的世界也是布满缺憾的。比如：有一种风景，你总想看，它却在你即将聚焦的时候巧妙地隐退；有一种风景，你已经厌倦，它却如影随形地跟着你；世界很大，你想见的人却杳如黄鹤；世界很小，你不想看见的人却频频进入你的视线。世上有许多事，倒过来是圆满，顺理成章却变成了遗憾。然而，世上的事物都依据自身规律运行着，我们没办法将它倒过来。

缺陷和不足是人人都有的，但是作为独立的个体，你要相信，你有许多与众不同的甚至优于别人的地方，你要用自己特有的形象装点这个丰富多彩的世界。也许你在某些方面的确逊于他人，但是你同样拥有别人所无法企及的专长，有些事情也许只有你能做而别人却做不了！

中国古代哲学家杨子曾对他的学生们说："有一次，我去宋国，途中住进一家旅店里，发现人们对一位丑陋的姑娘十分敬重，而对一位漂亮的姑娘却十分轻视。你们知道这是为什么吗？"学生们听了之后，说什么的都有。杨子告诉他们，经过打听才知道，那位丑陋的姑娘认为自己相貌差，因而努力干活而且品格高尚，所以得到人们的敬重；那位漂亮的姑娘则认为自己相貌美丽，因而懒惰成性且品行不端，所以受到人们的轻视。

其实，做人的道理也是这样，是否被人尊敬并不在于外貌的俊与丑。美绝不只是表面的，而有着更深层次的内涵。如果表面的美失去了应该具有的内涵，就会为人们所抛弃，那位漂亮姑娘就是最好的例证。勤能补拙，也能补丑；这是那位丑姑娘给我们的启示。

欣赏自己的不完美，因为它是你独一无二的特征。欣赏自己的不完美，因为有了它才使你不至于平庸。不完美使你区别于他人，世界也因你的不完美而多了一点色彩。学会欣赏自己的不完美，并将它转化成动力，这才是最重要的。

第十九章
在忍耐中营造好人生的六个方法

方法一 / 目标和现实相距太远时,忍耐是最佳选择

追求成功的人必须有一个明确的目标,确定了追求目标,然后开始前进。在实现目标的条件还不具备,达成目标的力量悬殊太大时,忍耐是最佳选择。

有一位年轻人到一个海上油田钻井队工作。在海上工作的第一天,领班要求他在限定的时间内登上几十米高的钻井架,把一个包装好的漂亮盒子拿给在井架顶层的主管。年轻人抱着盒子,快步登上狭窄的、通往井架顶层的舷梯。当他气喘吁吁、满头大汗地登上顶层,把盒子交给主管时,主管只在盒子上面签下自己的名字,又让他送回去。于是,他又快步走下舷梯,把盒子交给领班,而领班也是同样在盒子上面签下自己的名字,让他再次送给主管。

年轻人看了看领班,犹豫了片刻,又转身登上舷梯。主管和上次一样,只是在盒子上签下名字,又让他把盒子送下去。年轻人擦了擦脸上的汗水,转身走下舷梯,把盒子送下来。可是,领班还是在签完字以后让他再送上去。

年轻人开始感到愤怒了。他擦了擦满脸的汗水,抬头看着那已经爬上爬下了数次的舷梯,抱起盒子,步履艰难地往上爬。当他上到顶层时,

汗水顺着脸颊往下淌。他第三次把盒子递给主管,主管看着他说:"把盒子打开。"

年轻人撕开盒子外面的包装纸,打开盒子——里面是两个玻璃罐:一罐是咖啡,另一罐是咖啡伴侣。年轻人终于无法克制心头的怒火,把愤怒的目光射向主管。主管又对他说:"把咖啡冲上。"此时,年轻人"啪"的一声把盒子扔在地上,说:"我不干了。"

这时,主管说:"你可以走了。不过,我可以告诉你,刚才让你做的这些叫做'承受极限训练',因为我们在海上作业,随时会遇到危险,这就要求队员们有极强的承受力,承受各种危险的考验,只有这样才能成功地完成海上作业任务。很可惜,前面三次你都通过了,只差这最后的一点点,你不能喝到你冲的甜咖啡了。现在,你可以走了。"

只有忍受住成功前的寂寞、枯燥、难熬日子的人,才有资格获得成功的青睐。普通人无法忍受做学问的寂寞与枯燥,所以成不了科学家、学术研究者;无法忍受创业的艰辛和压力,于是成不了企业家、成功商人;忍受不了物质的诱惑和自身的弱点,于是做不成大事。

忍耐,大多数时候是痛苦的,因为忍耐压抑了人性。生活在世上,要成就一番事业,谁都难免经受一段忍辱负重的曲折历程。因此,忍辱几乎是有所作为的必然代价,能不能忍受则是伟人与凡人之间的区别。韩信受辱胯下,张良纳履桥端,皆英雄人物忍辱轶事。屈辱能令人发愤,催人奋进,是一种无形而巨大的向上动力。当发生什么事情时,千万要稳健,不要逞一时之快,而坏了大计。"小不忍则乱大谋",不要因小失大。

成功往往就是在你忍耐了常人所无法承受的痛苦之后,才出现在你面前。千万不要只差那么一点点就放弃,要知道最后成功来临的时候,之前的一切都值了,这时就是一个人生存价值的体现,这就是人生的意义。

成大事者,都有一股能忍的精神。忍受诱惑,忍受寂寞,忍受屈辱,忍受病痛,忍受常人所不能忍者,才能建功立业,达到一定高度。普通人和成功人士最大的区别就在这里。

方法二 / 劣境中坚信总有峰回路转时

当面临不如意的事时,我们只有"忍耐",需要相信目前虽处在劣境中,但总有峰回路转之时,以此来不断提醒自己忍受现在的痛苦,等待时来运转。这种对前途抱乐观的希望使得忍耐有了价值。所以,只要坚持不懈地努力,自会有成功的一天。正所谓,龙蛇之蛰,以存身也;尺蠖之屈,以求信也。

一个追求成功的人,不但能够安心忍,还要善于在忍耐中,时刻警惕着事态的发展。他们从来不会停止有效的抗争和拼搏,只要有一丝一毫的可能,他们就不会罢手,而是为自己的成功,争取哪怕一点点的机会。如果没有这样的良机,他们就会努力用自己的智慧和拼搏,影响事态的发展,为自己创造机会。

机会不是等来的,消极地等待,可能会降低我们的敏锐和警觉;机会是自己把握的,从某种意义上来说,也是自己创造的,靠自己的拼搏争取的。一个良好的时机,只要我们能及时地把握,就可以成为我们改变命运的关键。任何一个人间奇迹,都是靠坚忍不拔的意志和不懈的努力去完成的。

春秋初期的郑国在郑武公的治理之下,逐渐强大起来了,成为当时的大国。郑武公的夫人名叫武姜,生了两个儿子,大儿子寤生,虽然机智多谋,继承武公做了郑国国君,却仍然不蒙武姜喜爱;小儿子共叔段,深受武姜宠爱,武姜很想让他做国君,最终也没有成功。

共叔段生得高大俊美,武姜越看越是喜欢。等到庄公即位做了国君之后，武姜要求给小儿子共叔段分封到制邑去。制邑地形险要，易守难攻，分封到这里的人，很容易依靠良好的地理条件，割据称王，对抗郑国中央政府。武姜为小儿子申请这块封地，正是看中了这块封地的优越条件，想要小儿子摆脱庄公的控制，分庭抗礼，甚至取庄公而代之。

母亲和弟弟结成了联盟，想要对抗自己，这份心思，庄公怎么会看不出来。可是他们的阴谋毕竟没有暴露，于情于理，庄公不能拒绝对弟弟的分封。所以对武姜别有用心的无理要求，庄公忍耐了下来。他答应了对弟弟分封，但是制邑不能给，那就封到京这个地方吧。

京是个大城，比制邑大许多，也繁华许多，而且离国都新郑不远。在武姜和共叔段看来，真是求之不得的好事。因为京的位置，遏制国都西北的交通要道，近可以直取国都，运气好的话可以直接取代庄公的位置，轻而易举地达到目标；远可以收服西北边疆的地盘，扩大自己的势力，和郑国中央叫板。

自以为是天下最聪明的人，他们不能忍，过早地行动，暴露了自己的目标，惊起对手的提防，从而把自己置于骑虎难下的境地，处于对手的监视之中，使大好的资源，白白地丧失了利用的价值。武姜和共叔段在这场博弈中，以他们的特殊身份，本来具有很大的胜算。但是他们太没有耐心，过早地亮出了自己的底牌，这就容易为对手所败。

而庄公就是这样的一个对手。他表面上很宽宏大量，把共叔段分封到京这个比制邑还要重要的地方，其实这个分封却别有用心。因为按照郑国的法律，国内最大的城邑也不能超过国都的三分之一，而京邑已经超过这个标准了。换句话说，不管共叔段是否叛乱，如果庄公有需要，随时都有借口对他进行惩罚。更何况，京虽然离国都非常近，但是毕竟没有国都武装力量的强大，只要做好防备，共叔段的那些势力，根本不值一提，反而有利于庄公就近对他们进行监视和侦查。

第三篇　如何营造好人生

庄公答应武姜的无理要求，表面是忍，实际上却是搏，而且这个搏虽然进攻性十足，却在忍让的掩护下进行，具有非常好的隐蔽性，对手很难发现。庄公的忍，不动声色，不花费一点成本，却促使对手误判形势，为他们的失败，埋下了伏笔。

得到京这个大城之后，共叔段认为更没有必要忍了，他要加快行动。首先他吞并了西北边疆的许多城邑，扩大了自己的势力范围。然后就开始修筑城墙，加强军队训练，摆出了一副进攻的姿态。

共叔段太性急了，他根本不想一下，作为郑国的臣子，他的行为已经迹同公然反叛，而失去了道义上的基础。试想，有多少人会支持和同情一个叛徒呢？他手下的兵将，也许不敢违抗他的命令，但是除了少数死党之外，又有多少人真正听从他的命令，在关键时刻去反叛自己的祖国呢？如果他能够安心忍下来，躲过庄公的监视，出其不意地发动宫廷政变，奋力一搏，或许还有成功的可能。那又完全是阴谋的范畴了，而阴谋，哪有事先大张旗鼓，不暗地进行而明火执仗的呢？当他的阴谋已经成为公开的秘密，当他的目的已经被对手发现，他还能成功吗？共叔段不能忍一时，失去的将是他的前途，乃至身家性命。

反观郑庄公，他对共叔段的行为了如指掌，却一忍再忍。最后连他部下许多人都忍不下去了，纷纷劝庄公灭了共叔段。但是庄公平息了部下的冲动，仍然按兵不动。庄公的忍，是明松暗紧，其实他拼搏的脚步一点也没有停止过。小不忍则乱大谋，他需要一个时机，需要一个证据，他需要把对手阴谋暴露在光天化日之下。当对手彻底暴露的时候，就是宣布他们彻底失败的时候。机会果然来了，按捺不住的共叔段，把庄公的忍让当成了懦弱，他根本没有注意到庄公那张早就绷紧了的、暗中张开的大网。他暗中勾结武姜，企图里应外合，袭击国都，灭掉庄公。却没有料到，这一步早就落到庄公的算计之中。证据掌握到了，忍让许久的庄公终于长出了一口气,他看准了对手的软肋,发出致命的一搏。枉逞血气之勇的共叔段和愚蠢的武姜,根本没有意识到庄公会有如此力度的反击,结果血本无归,不但自己成了庄公的手下败将,多年的苦心经营的成本,一起付之东流。

所以,共叔段和庄公的较量,在一个忍字分出高下。庄公安心忍,忍让的同时,暗地里却加强了搏的意识和行动;共叔段不能忍,保持着进攻的势头,面对强大的对手,摆出一副势不两立的架势,最终却陷入布置好的罗网,一败涂地。所以,忍耐实在是隐性无声的坚强,经历挫折后的持重,是自我控制的智慧。

方法三／忍常人所不能忍,为常人所不能为

忍是一种力量,是一种智能,是一种勇气,是一种承担,是一种认识;能忍的人,才有自己的人生。我们只有忍常人所不能忍,才能为常人所不能为。

没有什么无法忍耐。秋天,一颗种子深埋于地下。它忍受着寒冷的侵袭,忍受着黑暗的禁锢,它无法阻止蛆虫在身边蠕动,无法抵挡人们践踏的脚步;它紧闭着双眼,默默地积聚着能量,因为它懂得"没有什么无法忍耐"。当第一缕春风拂过大地的时候,这颗种子破土而出;十年之后,一粒种子变为了一棵大树。

"不能忍一时之气",这是当前社会乱象的根源,很多人因为难忍一时之气,结果原本小小的口舌之争,最后竟演变为刀枪相向;甚至青少年血气方刚,往往睚眦必报,结果不但招来杀身之祸,整个家庭社会更因此弥漫着暴戾之气。究其原因,都是为了不能忍一时之气。其实,忍一口气并非就是吃亏。

常人快乐一时,痛苦一世。智者痛苦一时,快乐一世。强者,视一世为一时。虽然同在一个世界,人生境界却是千差万别。要提高自己,必须忍耐一个痛苦的过程。苦其心志,劳其筋骨,是成功者必经之路。

"忍"者,心中能容刀锋之刺也。俗语说:"宰相肚里能撑船",此乃忍之表现。话说唐初名相娄师德不只肚里能撑一只船,恐怕驶一艘航母也绰绰有余,皆因他练就了一门旷古奇绝的"神功",曰"唾面自干"。于是他的治下一片太平。盖娄大师早已背熟了"退一步海阔天空,让三分自然悠闲"的祖宗遗训,更深深地理解了话中意味。

人,为了生存,必须忍受现实生活中的种种逆境,包括人情、工作、环境所加诸给我们的种种考验;我们唯有具备忍的力量、忍的智能、忍的勇气,才能化解困境,才能增长自己的德行。缺失了"忍",生活中多了不该发生的悲剧。虽然人是多元的,但看不惯别人就是自己修养不够,面对人和事一定要以一颗宽容的心对待之,做个有修养内涵的人。

方法四 / 在忍耐中蓄积力量

有一位美丽的姑娘,正当妙龄,前来求婚者纷纷。她自恃美丽高贵,对来者都要作耐心考验。一位年轻帅气的小伙子来到她的门前敲了三下,她听见了,却没有开门,小伙子以为姑娘不在家,就走了。后来,又来了一位小伙子,他在姑娘的门上敲了三下,姑娘没有开门,他耐心地等,又敲了三下,仍不见来开门,他忍耐了等待中的烦躁和沮丧,又敲了三下,终于把门敲开了。最后,他和姑娘缔结了百年之好。

后来的这位小伙子就是德国化学家亨利·莫瓦桑。在他前面的那个小伙子也是一位著名的化学家,他在试验中发现了最后剩下的土红色粉末,但没有引起他的注意。亨利·莫瓦桑也发现了这些粉末,他没有将其当成废物丢掉,而是认真地进行了一番研究,发现那是一种新物质,给它取名叫砜。

有位伟人说过这样一句话:胜利就在再坚持一下的努力之中。能够再坚持一下,需要的就是忍耐。是忍受寂寞的等待,是忍受白眼的争取,是忍住性子的坚持,是忍住失败的探求。

忍耐,是等待中对机会窥伺;忍耐,是冲锋前对自己爆发力的凝聚。机会不可能俯拾即是,它需要认真地寻找。力量也不是随时都有,需要慢慢积累。有压力必有爆发,有忍耐必有反击。压力愈大,爆发愈烈,忍耐愈久,反击愈猛。

当在享受成功的那一刻,我们即获得了自信,又发现了快乐的源泉。当你再回首时,你会发现,原来忍耐让我们学会了坚持,获得动力,促成了我们今天的成功,帮我们找到了快乐之门。

当今社会是个浮躁的社会,如果我们抵御不了各种诱惑,心中就会充满嫉妒与愤怒,这样就会让我们感到莫名的落寞与自卑,导致心理上的一些阴影。如果有了一颗忍耐之心,你就会坚持自己想要的,那你就会获得成功,就会时时收获快乐。

不同的人对忍耐有不同的感觉,相同的忍耐又会塑造出不同的人生;男人在痛苦中忍耐,女人在伤心中忍耐,男人因忍耐而变得宽厚,女人因忍耐而变得温柔。在有的人眼里,忍耐是一种软弱,在有的人眼里,忍耐是一种财富。有的忍耐是怕失去,有的忍耐是为了得到。

大千世界,忍耐是多种多样的,也是无处不在的。一个没有忍耐的世界是疯狂的,而一个充满忍耐的世界又是一个危险的世界,必要的忍耐也是保护自己的方法。

生活变得渐渐复杂起来,而对生活中的种种无奈,大千世界的不断变化,社会的现状使我们感到疲惫不堪,人与人的交流,人与事物的接触,越发不那么简单,而原本简单的事物也变得复杂了。

　　生存在如今的社会群体当中,沉默与忍耐似乎也理所当然地成了一种活下去的手段,显得尤为重要。在这个金字塔的社会模式下,无论走到哪里,你的头上总有那么一个组织或人在指挥你,支配你,甚至驱使你,压迫你,那句俗话"人在屋檐下,不得不低头"直至今天,在是非难断的理论面前也仍不可动摇地占据着真理的位置。

　　而在这是与非面前,许多时候,手握真理却不可理直气壮,而权威似乎取代了真理,无奈之中,只有你保持沉默,忍在心中,等待自己的出头之日,盼望着自己能够扬眉吐气,其实这是一个不可忽视和难以改变的社会现状。

　　社会的现实需要我们寻求更多的生存方式,懂得更多的生存法则,沉默与忍耐就是其中至关重要的一种,为生活奔波的人们,忍耐并不意味着是一种痛苦的等待。

　　某公司一个重要部门的经理要离职了,董事长决定找一位才德兼备的人接替这个位置,但应征的人都没有通过董事长的"考试"。这天,一位30来岁的留美博士来应征,董事长却通知他凌晨3点去他家考试。这位青年如约去按了董事长家的门铃,但是始终未见有人来应门,一直到8点钟,董事长才让他进门。

　　董事长问他:"你会写字吗?"年轻人说:"会。"董事长拿出一张白纸说:"请你写一个白饭的'白'字。"他写完了,却等不到下一题,疑惑地问:"就这样吗?"董事长静静地看着他,回答:"对!考完了!"

　　第二天,董事长在董事会上宣布,这名年轻人通过了考试。董事长说明:"一个这么年轻的博士,他的聪明与学问一定不是问题,所以我的考试更难。"随后又解释说:"首先,我考他牺牲的精神,我要他牺牲睡眠,凌晨3点钟来参加公司的应考,他做到了;我又考他的忍耐,要他空等5个小时,他也做到了;我又考他的脾气,看他是否能够不发飙,他也做到了;最后,我考他的谦虚,我只考5岁小孩都会写的字,他也肯写。一个人已有了博士学位,又有牺牲的精神、忍耐、好脾气、谦虚,这样才德兼备的人,我决定任用他!"

每个人都希望干一番事业,当你立志要大干时,不妨先放下身段。走向成功不仅需要渊博的学识,还需要在追求过程中有一种忍耐、坚持的精神。忍耐是一种承受,一种默默的克制;忍耐是一种忍受,一种无声的等待。世界是个欲望与欲望交织着的世界,一种欲望被另一种欲望遏制,一种欲望被另一种欲望吞噬,于是就有了各种忍耐。

忍耐是一种追求的韧性,为了避免过早地折断和毁灭,不得不暂时收敛自己的欲望,忍耐也是一种追求的策略,追求成功的人不得不承受小的失败和牺牲。

有一位著名拳击手,出道之初的他在一次比赛中被人打得晕头转向,观看比赛的所有人都担心他会中途倒下,可是出人意料,他承受比较暴雨般的重拳袭击,支撑着打完了全场。观众把更多的掌声献给了他,而不是那位获胜者。

事后记者问他:"不可思议,你是怎么从第二回合开始,一直坚持忍耐到最后的?"

拳击手觉得奇怪:"我没有忍耐呀!?想着'防御'和'攻击',当时我的脑海中根本就没有'忍耐'这个意识闪现。"

刻意的忍耐往往是痛苦的,没有想到忍耐,才是能够"忍耐"下去的唯一理由。

方法五 / 耐住寂寞，以静制动

世界唯一不变的是变化。变化无处无时不在，变化日新月异。我们凡俗之人，不可能随着变化永不停息地变化。如果一味跟随，会被尘世的变化拖垮，轻则危害健康，重则悲观厌世。

人的力量如大千世界的一粒微尘。倘若不能以静制动，不能耐住寂寞，必会白白耗费精力，一事无成。像鲁迅笔下描叙的"一群麻木的看客，仿佛一群鸭子，被一只无形的手提着脖子"，此类人物，当然耐不住寂寞，扎在热闹堆里，活灵活现勾勒出麻木空虚且没出息的形象。在这样的一群看客中，没有真正务正业的人吧。

只有耐得住寂寞，才能干一番真正的事业，才能成就大事。

中国历史上唯一的女皇帝武则天，十四岁入宫为才人，被唐太宗赐号"武媚"；唐太宗去世后，她出家当了尼姑。但她不急不躁，养精蓄锐，等待时机。先是卑躬屈膝侍奉皇后，后又团结上下左右，运用手腕，从寂寞开始，逐渐打破寂寞，终成就顶峰大业。

伟大的音乐家贝多芬正是基于耐住了寂寞——失聪带给他的打击，耳疾使他远离了世俗的声音，却使他更清楚更理性地听到了自己内心的呼唤，《命运》《月光》《第九交响乐》等杰出作品，惊世骇俗，博大精深。

耐得住寂寞的意义在于：安静躁动的心灵，熨帖狂乱的灵魂，把无休无止无尽头的欲望归于最有价值最有意义的地方。历史证明：耐不住寂寞也是人生的败笔，甚至会招致祸患。

明朝开国功臣刘伯温，满腹韬略，投奔朱元璋时已五十岁了。陈献十八条大政方略，构建战略构想，使朱元璋的事业得到决定性快速发展；明王朝建立后,他又制定立国法律制度,安邦兴国。刘伯温也以张良自命。可是,他缺乏张良功成身退的勇气与远见,耐不住寂寞,最终落得被毒死之惨剧。反观汉高祖刘邦的"运筹帷幄之中,决胜千里之外"的谋士张良,在刘邦入都关中,天下初定,就托词多病,杜门不出。可谓耐得住寂寞,耐得住诱惑,遵循可有可无,时进时止的处事原则。后人多有大家赞颂张良的智慧及其一生作为,包括唐代大诗人李白,北宋政治家王安石,北宋文豪苏轼等。

耐得住寂寞,也能坚守忠诚,不会为外界所迷惑。历史上多少贪官污吏,正是不甘寂寞,铤而走险,牺牲集体和人民的利益,满足自己的私欲,结果导致人生的腐败。

可见,耐住寂寞是人生的一种境界,是一种自信而从容的气质。只有耐住寂寞,才能收获冷静和智慧,才能不为浮躁世俗左右,甚至埋没意志,才能保持清醒头脑,才能成就大事,才能为国为民贡献力量。

方法六 / 敞开心扉,拥抱孤独

孤独是在伤痕累累中自舔伤口的一种本领;是在浑浑噩噩时保持清醒的一种能力;是在利欲熏天时选择淡泊的一种心态;是在空气污浊时不蒙染的一种自卫;是在是非浑浊时独善其身的一种智慧。

孤独不是离群索居、与世隔绝的一种状态;不是孤芳自赏、自怨自艾的一种心态;不是作茧自缚、自生自灭的一种形态。孤独不是无奈,而是选择;不是封闭,而是超脱;不是痛楚,而是愉悦。孤独让自我更加沉静,更加沉潜更加警醒,更加了然。

孤独是一种超脱,它植根于人类因终极关怀而生的忧患意识。因此,它可以使人心里更集中、更炽热、更自觉地投入和进入超前性的思考，以致有所发现和创造。喜欢喧嚣张扬的人，乐于沉湎在世俗的欢乐里，永远也无法品尝到孤独之美——心灵幸福的高峰体验，因为欢乐揭示不了最深刻的真理。

高山是孤独的，因为它挺拔；大海是孤独的，因为它没有影子；黄金是孤独的，因为它喜欢缄默；冬天是孤独的，因为它惯于孕育。孤独之中蕴藏着一种力量，如同子弹蕴藏在枪膛里。经受了"情到深处人孤独"的感慨，"木秀于林，风必摧之"的寥落，"高处不胜寒"的凄清，便会爆发出惊天动地的力量！

有人说，思想者是孤独的；也有人说，真正的诗人是孤独的；还有人说，每个人的内心都会时常感到孤独。可见，孤独可以留下冷静后的清醒，沉淀后的清澈，浓缩后的结晶。

拥抱孤独，不只展开臂膀和胸膛，而要敞开思想和心房；不应一味同情和怜悯，而应真诚体贴和关怀；不能出于勉强和被动，而应发自内心和感动。

做人要耐得住寂寞，要不为外物所诱，抛开私心杂念，不浮躁，不盲从，保持正确的人生态度和价值取向。很多人耐不住寂寞，一旦不能如愿，就会怨天尤人，不思进取，或者转移方向，改弦更张。他们不知道倘若耐得住寂寞，就会守得云开见月明。

"乐圣"贝多芬一生寂寞孤独，可是他却说："当我最孤独的时候，也就是我最不孤独的时候。"因为他在寂寞孤独之中，才更不得不去把情怀寄托在领略大自然的美妙上，才更有机会去整理他那不平凡的思想和灵感。他的音乐绝不是繁华热闹场中的产物。

许多有名的诗句也得力于作者当时心情上的寂寞。"枯藤老树昏鸦，小桥流水人家，古道西风瘦马。夕阳西下，断肠人在天涯。"相信马致远当时如果没有深切的寂寞孤独之感,绝写不出这样的佳句。又如张若虚《春江花月夜》中的"江天一色无纤尘,皎皎空中孤月轮。江畔何人初见月?江月何年初照人?"也深深刻画出作者当时的寂寞之情。

西方哲学家说:"世界上最强的人,也就是最孤独的人。"又说,"只有最伟大的人才能在孤独寂寞中完成他的使命。"如要成为强者,即不可避免寂寞,而唯有那些坚强、能面对寂寞的人,才有力量使他的天赋才华不致被寂寞孤独所吞噬,反而因磨炼而生热发光。能在孤独寂寞中完成工作的人,就是成功的人。

第二十章
细节中营造好人生的四个方法

方法一／注重细节,把小事当大事去做

日本东京一家贸易公司有一位小姐专门负责为客商购买车票,她常给德国一家大公司的商务经理购买来往于东京、大阪之间的火车票。

不久,这位经理发现了一件趣事:每次去大阪时,他的座位总是在列车右边的窗口;返回东京时又总是靠左边的窗口。经理问小姐其中缘故,小姐笑答:"车去大阪时,富士山在您右边,返回东京时,山又出现在您的左边。我想,外国人都喜欢日本富士山的壮丽景色,所以我替你买了不同位置的车票。"

就是这件不起眼的细心小事,使这位德国经理深受感动,促使他把对这家日本公司的贸易额由 400 万马克提高到 1200 万马克。他认为,在这样一个微不足道的小事上,这家公司的职员都能够想得这么周到,那么,跟他们做生意还有什么不放心的呢?

一件小事,成就了一桩大生意。其实,工作中的所谓大事,都是由一件一件的小事构成,把微不足道的小事做好,大事也就做成功了。

工作并不需要什么豪言壮语,工作需要的是始终如一地把所有小事做好。坚持把每一件小事做好,就会得到领导的信任和赏识。

不屑做工作中的小事,就没有机会做工作中的大事;工作中的小事做

不好,工作中的大事就不可能做好。

对于普通员工来说,对于工作中琐碎的、繁杂的、细小的事务,我们应该花大力气把它做好,不讨厌做小事,要努力把工作中的小事做得尽善尽美。

做大事也好,做小事也罢,反映的是我们对工作的认识和态度。如果我们能够重视每一件小事并努力做好每一件小事,对待大事我们则更会认真对待。如果我们能够注意到小事的每一个细节,那么对于小事组成的每一件大事的每一个层面我们也会认真对待。

我们都想志向高远、立大志、干大事,精神固然可嘉,但只有脚踏实地从小事做起,从点滴做起,在工作中注重每一个细节,才能养成做大事所需要的那种严密周到的作风。

不重视工作中的细节,没有做小事成功的经历,很难获得做大事的机会。即使有了做大事的机会,没有做小事的经验,也未必知道从何处着手。因为做事的技巧和方法,都是在平时做小事的时候培养和建立的。

对于一个企业来说,拥有做事细致、认真的管理者和员工,企业的管理制度会更加精细化、工作效率会更加提高。能时刻心系公司,把微不足道的小事当作大事去做,并能排除压力坚持不懈的人,是最值得信赖的。

在激烈的竞争中,公司规模、员工队伍日益扩大,其分工也越来越细,其中能够从事大事决策的高层主管毕竟是少数,绝大多数员工从事的是简单烦琐的看似不起眼的小事。但对于公司的运作而言,公司的每一件事情、每一个员工都很重要,可能某一个员工出了问题,就会影响到整个公司的运作。也正是一份份平凡的工作和一件件不起眼的小事,才构成了公司卓著的成绩。

对于敬业的人来说,他会认真完成公司交给他的每项工作,不管这项工作是大还是小。他都会认识到这项工作的重要性,尽到自己应该尽到的职责,不忽视工作中的每一件小事,认认真真地处理工作的每一处细节。因为,在他看来工作之中无小事。

从工作中的一些微不足道的小事洞察秋毫,可以感悟到一个人的内在精神。什么是不简单?把每一件简单的事做好就是不简单;什么是不平凡?把每一件平凡的事做好就是不平凡。

看不到细节或者不把细节当回事的人,对工作缺乏认真的态度,对事情只能是敷衍了事,这种人不可能把工作当作一种乐趣,而只是当作一种不得不受的苦役,因而在工作中缺乏热情。他们只能永远做别人分配给他们的工作,甚至这样的工作也不能做好,这样的人当然没有机会。

我们在公司的价值就体现在点点滴滴的细节中,体现在我们为公司做了多少实实在在、真真切切的事情。把小事当作大事去做,不仅提升了小事的价值,也是在提升我们自身的价值。

方法二 / 积极去做别人不愿做的事情

爱因斯坦说:"现在,大家都为了电冰箱、汽车、房子而奔波,追逐、竞争,这是我们这个时代的特征了。但是也还有不少人,他们不仅追求这些物质的东西,他们追求理想和真理,得到了内心的自由和安宁。我们不反对物质上的衣食住行,荣誉上的名利地位对人的重要性,但是我想说,追求事业,让人的境界有了高低之分。"我们从爱因斯坦这位伟大的科学家身上可以获得很多有益的结论:第一,一定要追求一个伟大的目标,避免庸庸碌碌;第二,先从身边的小事做起,并乐此不疲。坚持下来,当你回首时,你会发现已走出很远很远。

成功者跟别人最大的不同,就是他愿意做别人不愿意做的事情,一般人都不愿意付出这样的代价,可是成功者愿意,因为他渴望成功。

别人不愿意操练,你就要更加自我操练;别人不愿意练习,你就要不断地练习;别人不愿意做准备,你就多做准备;别人不愿意多付出,你就多付出,别人不愿意多关怀顾客,你就多关怀顾客。

只要你每件事都多做一点,每一件别人不愿意做的事情,你都愿意多做一点,你的成功概率一定会提高很多。一个领导者一定要以身作则,一定要做别人不愿意做的事情。

员工不愿意做的事情,你愿意做它;别人不想做的事情,你愿意做它;只要你能做别人不愿意做的事情,不想做的事情,不敢做的事情,你就可以成为领导者。

每一个人都可以做每一件事,只要他愿意做;每一个人都可以实现梦想,只要他敢去梦想;每一个人都可以做领导者,只要他做别人不愿意做的事情。

每一个人都可以成功,只要他坚持到底,成功者愿意做失败者不愿意做的事情,你必须决定选择成功,或是选择失败,这是你自己的抉择。要想成功,就要先做别人不愿意做的事情,要失败的话,做什么都无所谓。

做事情的标准,就是零缺点、零故障,这是成功者的要求,也是成功者的想法。

如果你能这样想,无论你做任何事情,品质都一定很好;不论你做任何事情,一定不会自满,因为很少有东西是零缺点、零故障的,即使是最好的产品都会有缺陷。然而,不管在公司、在组织中,就是因为你设立这样一个零缺点、零故障的目标,可以提升每一个人对品质的意识,使每一个人做事都变得非常认真,因为每一个人都在研究,要如何把事情做到零缺点、零故障。

一个普通的职员,即使有很好的见解,通常被重用,也要煎熬一段不短的时间,最重要的是努力做到有让别人倾听自己意见的资格和成绩,在别人眼里,你才是举足轻重,不易被人忽视的。因此,从小事做起的工作,年轻时就应努力去做好。

中关村一家公司的人事部经理曾感叹道:"每次招聘员工,总碰到这样的情形:本科生与大专生、中专生相比,我们也认为本科生的素质一般比后者高。可是,有的本科生自诩为天之骄子,到了公司就想唱主角,强调待遇。别说挑大梁,真正找件具体工作让他独立完成,却往往拖泥带水,漏洞百出。本事不大,心却不小,还瞧不起别人。大事做不来,安排他做小事,他又觉得委屈,埋怨你埋没了他这个人才,不肯放下架子干。我们招人是来工作、做事的,不成事,光要那大学生的牌子干吗?所以有时候,本科生、大专生、中专生相比之下,大专生、中专生反而更实际,更有用。"

人生真正的伟大在于平凡,真正的崇高在于普通,最平凡、最普通却又最伟大、最崇高的。从普通中显示特殊,从平凡中显示伟大,这才是做人做事之道。

越是那种埋怨自己工作价值渺小的人,真正给他们一份困难的工作时,他们越是退缩而不敢接受。具有十成力量的人,去做仅仅需要一成力量的工作,其中有生命的意义和悠闲的心情。在长远的人生中,这种生命的意义和悠闲的心情对于人格的形成与扩展,有决定性的帮助。

许多白手起家而事业有成的人,在做小学徒或小职员时就能以最高的热忱和耐心去面对上司给予他们的小工作,这是非常普通的事实。我们不可能用数量来衡量工作的大小,"大在小之中"而不是"小在大之中"。所有的成功者都是在小事中寻找出大课题。

方法三 / 小事情累积成大事业

小王大学毕业之初，先是在办公室当文秘，一年后觉得卖保健品挺赚钱的，就应聘去一家生物制药公司去做推销员。没干多久，又到了一家营销策划公司，月薪两千多元。在这家营销策划公司工作了一年，收入虽然较以前多了不少，但离脱贫致富的目标还有很大的距离。一个偶然的机会，小王碰上一位多年不见的老同学，他开了一家小贸易公司，小王又加盟了他的贸易公司。

干了半年，公司的生意一天不如一天，小王又去了一位朋友开的广告公司。没多久，遍街都是拉广告的业务人员了，小王又去报社当记者。就这样，折腾了好几年，他在任何一个行业都没有打下坚实的根基，培养起自己的资源。返回头来看，当年曾并肩战斗过的同事，许多都在原来的领域成名成家了。

当然，小王最初经济上的窘迫会促使他做出急功近利的现实主义的抉择，但一个想有所成就的人，一定要在心中弄清楚：自己适合做什么，哪个领域哪个岗位才是自己终生事业所在。弄明白这个问题之后，我们就应该选准一行坚定不移地做下去。

也许在开始的时候或某些阶段，经济上的收益并不令人满意，但只要是兴趣所在，这一行真的适合自己，则就应该不为眼前所动，咬牙坚持下去。你今天所做的一切，都会成为明天成功的基础，你也会步入一条可持续发展的轨道。日积月累之后，必定能够做出一番事业的。

比如开一家小商店，从做事情的角度考虑，开小商店用不着风吹日晒雨淋，除了进货，大部分时间都是坐着，可以闲聊，可以看报，不可谓不轻松。钱呢,也有得赚,进价 6 毛的,卖价 1 元,零七八碎地一个月下来,衣食至少无忧。但换一个角度想,开了小商店,你就开不成百货店、饮食店、书店、鞋店、时装店,总之,做一件事的代价就是失去了做别的事情的机会。你如果不想在一个十平方米的小商店内耗过美好的青春,你就得想想到底做什么更有前途。你要考虑的就不是轻松,也不是一个月的收入,而是它有没有好的发展潜力和空间。

如果你把小商店当作一件事情来做,它就只是一件事情,做完就脱手。如果是一项事业,你就会设计它的未来,把每一步都当作一个连续的过程。

作为事业的小商店,它的外延是在不断扩展的,它的性质也在变。如果别的店只有两种酱油,而你的店却有十种,你不仅买一赠一,还送货上门,传授知识,让人了解什么是化学酱油,什么是酿造酱油,你就为你的店赋予了特色。你口碑越来越好,渐渐就会有人舍近求远,穿过整个街区来你的店里买酱油。如果你再为你的店注册商标,你的店就有了品牌,有了无形资产。随着小店规模的不断扩大,可以增加店面,或者用连锁的方式,或者采取特许加盟,小店则又可以有新的发展。

全面观察做事情的角度,可以让你有不同的选择。如果只看到做一件事情的效益,事情就永远是事情,事情变成不了事业,永远不要只做一件事情。

做事情是为了一种积累,一个综合效益的体现。当事情累积到一定程度,量变就转变成了质变,事情就变成了事业。学会看到事情的累加效果,就可以从更高的视野去分析问题,找到事业发展的关键所在。

方法四 / 凡事必须亲身实践

生活中,不乏说大话、说空话的人。只会空想空说、夸夸其谈的人,从来就干不成任何事情。豪言壮语谁都会说,关键还是要去做。说得到不如做得到,说得好不如做得好。凡事必须亲身实践,才能做到最好。

很多大学生自诩为天之骄子,一副趾高气扬的样子。特别是名牌大学出来的一些大学生,认为自己是天子门生,不可一世,一到单位总是放不下架子,仗着自己学历文凭比别人高,或指手画脚、夸夸其谈,或不切实际、好高骛远。他们都缺乏一种最基本的真抓实干的职业素质。在碰了一通钉子后,又整天怨天尤人、满腹牢骚,埋怨自己是天星下凡,生不逢时,心比天高,命比纸薄。其实,并不是这些单位不会用人,而是这些大学生刚从学校出来,在社会上还只是一个白面书生,没有一丝工作经验。在把所学知识与工作实践相结合之前,他们几乎是百无一用。这也难怪他们到处碰壁,还是找不到出路,白白地在原地踏步。有的还自暴自弃,从此对人生失去了希望。

我们必须明白,在大学里学到的知识只是一些基础,而社会这所大学才是真正的大炼炉。只有在里面摸爬滚打,才能有自己的具体认识。因此,要做出一定的成绩,光靠几个公式、几个定律、几句空洞口号、几句漂亮说辞是不行的,还要不断地实践,在实践中积累工作经验,不断地融会贯通,才能举一反三,触类旁通,真正把所学和所用结合起来。

有句名言说得好,实践是检验真理的唯一标准。只有实践,才能出真知。后来成为北京首富的李晓华,每每回首过去,当年自己在北大荒度过的那些艰苦的日夜,都已经变成了甜蜜的回忆。因为在那里,火热的生活就像一片沃土,他们从中汲取到了丰富的营养,使他们迅速成长起来。当年的一些知识青年返乡后,涌现出一大批优秀的企业家,正是在艰苦的岁月磨炼中,他们学到了许多书本中没有的社会知识,积累了丰富的社会经验,使他们更好地了解了社会百态、了解世道人心。这些都变成了他们人生最为宝贵的财富,正是这些丰富的实践经验,最后才成就了他们的事业。

嘴上的功夫再好,也代替不了手的作用。毕竟,光靠几句甜言蜜语、几下花拳绣腿这样的三脚猫功夫,是很难成就大事业的。恰恰相反,说得太多,难免占用自己做事的精力与时间。与其如此,还不如把这些精力全部用在踏踏实实做事之上。毕竟,任何一番事业,都是要靠脚踏实地、一锤一钎地干出来的。说得再好,也代替不了流血流汗。

我们不要怕付出,一个人只有多做,才是最重要的。有道是:天地自会有公道,付出总会有回报。只要我们做出了实实在在的业绩,实现了梦寐以求的人生理想,至于自己说与不说都已经不重要了。我们必须在人生路途中静下心来,把眼光落在实处,以踏实苦干的精神代替心浮气躁的心理。